| 新能源材料专业系列教材 |

新能源材料成型制备技术

New Energy Materials Forming and
Preparation Technology

孙青竹　肖　玄　主编
朱永长　王海波　李勇谋　副主编

化学工业出版社
·北京·

内 容 简 介

本书结合新能源相关产业发展的需求，全面总结了各类新能源器件制备涉及的知识与技术，重点阐明了金属粉末成形、冲压成形、塑料成型、焊接、压力铸造、气相沉积等的技术要求和工艺细节。书中在阐述基本理论的同时，关注实际应用，结合典型新能源器件生产实例，进行工艺分析与技术解析，启发思路，力求为读者呈现新能源器件制备技术的全景，为新能源器件相关岗位的技术人员解决工作中的实际问题奠定知识和技术基础。

本书可作为新能源材料与器件、新能源科学与工程相关专业的教材，也可供从事新能源材料与器件、新能源科学与工程研发的技术人员参考。

图书在版编目（CIP）数据

新能源材料成型制备技术 / 孙青竹，肖玄主编.
北京：化学工业出版社，2025.2. -- ISBN 978-7-122-46973-1

Ⅰ.TK01

中国国家版本馆 CIP 数据核字第 2025MX7193 号

责任编辑：刘丽宏　　　　　文字编辑：王　硕
责任校对：杜杏然　　　　　装帧设计：刘丽华

出版发行：化学工业出版社
　　　　（北京市东城区青年湖南街 13 号　邮政编码 100011）
印　　装：河北延风印务有限公司
710mm×1000mm　1/16　印张 7¼　字数 157 千字
2025 年 5 月北京第 1 版第 1 次印刷

购书咨询：010-64518888　　　　售后服务：010-64518899
网　　址：http://www.cip.com.cn
凡购买本书，如有缺损质量问题，本社销售中心负责调换。

定　价：29.80元　　　　　　　　　版权所有　违者必究

前言

新能源产业是我国新的经济增长点，也是促进就业与经济结构转型、实施可持续发展战略的重要领域。发展新能源产业是保障国家能源安全、推动我国经济与产业结构转型升级、提高经济发展质量、发展清洁能源与低碳经济、实现节能减排与应对全球气候变化的重要举措。新能源材料成型制备技术是支撑新能源产业发展的关键因素之一。"新能源材料与器件""新能源材料与科学"专业的高级工程技术人才了解与掌握新能源材料重要成型制备技术，是适应我国经济结构战略性调整、提升人才市场竞争力，以及发展新材料、新能源等新兴产业的需求。

本书结合新能源装备生产实际，注重新技术和新工艺的引入，系统阐述了各种材料成型工艺的基本原理、特点和基本工艺，以及各工艺在新能源领域的应用。全书重点阐明了金属粉末成形、冲压成形、塑料成型、焊接、压力铸造、气相沉积等的技术要求和工艺细节。书中在阐述基本理论的同时，关注实际应用，结合典型新能源器件生产实例，进行工艺分析与技术解析，启发思路，力求为读者呈现新能源器件制备技术的全景。

本书由攀枝花学院孙青竹副教授和肖玄副教授主编，佳木斯大学朱永长教授、攀枝花学院王海波教授、四川省中意云天环境保护有限公司李勇谋任副主编。具体编写情况如下：孙青竹编写第1、4章，并负责全书的统稿工作；肖玄编写第2、3章；朱永长编写第5章；李勇谋编写第6章；王海波编写第7章。陈今良讲师和武传宝副教授也参与了本书的编写工作，并为本书资料收集和整理做了大量的工作。

本书涉及的知识面较广，限于编者的学识水平，书中不足之处在所难免，恳请读者给予批评指正。

编　者

目录

第1章 压力铸造 ... 1

1.1 压力铸造概述 ... 1
1.1.1 压力铸造的概念 ... 1
1.1.2 压力铸造的特点、优缺点和应用 ... 1

1.2 压铸工艺过程和压铸机 ... 2
1.2.1 压铸工艺过程 ... 2
1.2.2 压铸机及其工作过程 ... 2

1.3 压铸工艺参数的选择 ... 5
1.3.1 冷压室压铸机压铸工艺参数 ... 5
1.3.2 热压室压铸机压铸工艺参数 ... 7

1.4 压铸件的结构设计 ... 8

1.5 压铸模具的基本结构 ... 10

1.6 压力铸造在新能源领域的应用：一体化压铸 ... 12
1.6.1 一体化压铸技术助力实现汽车全生命周期降本增效 ... 14
1.6.2 一体化压铸技术属重资产领域，后期维修成本高 ... 14
1.6.3 一体化压铸核心技术环节 ... 15

复习思考题 ... 15

第2章 冲压 ... 17

2.1 冲压概述 ... 17
2.1.1 冲压的特点 ... 17
2.1.2 冲压的分类 ... 17

2.2 冲裁 ... 20
2.2.1 冲裁变形过程 ... 20
2.2.2 冲裁件断面 ... 20

		2.2.3 冲裁间隙 ………………………………………………………………… 21
		2.2.4 凸、凹模刃口尺寸的确定 ……………………………………………… 22
		2.2.5 冲裁力的计算及降低冲裁力的方法 …………………………………… 22
	2.3 弯曲 …………………………………………………………………………… 23
		2.3.1 弯曲变形过程分析 ……………………………………………………… 24
		2.3.2 弯曲变形的特点 ………………………………………………………… 24
		2.3.3 弯曲件毛坯尺寸的计算 ………………………………………………… 26
	2.4 拉深 …………………………………………………………………………… 27
		2.4.1 圆筒形件的拉深变形过程 ……………………………………………… 27
		2.4.2 拉深件的拉裂与起皱 …………………………………………………… 27
		2.4.3 圆筒形件拉深工艺计算 ………………………………………………… 29
	2.5 冲压工艺在新能源领域的应用 ……………………………………………… 31
		2.5.1 新能源汽车车身轻量化 ………………………………………………… 31
		2.5.2 新能源汽车电池壳的冲压工艺 ………………………………………… 32
	复习思考题 …………………………………………………………………………… 34

第3章 焊接 …………………………………………………………………… 35

3.1 熔化焊接 ……………………………………………………………………… 35
	3.1.1 埋弧自动焊 ……………………………………………………………… 35
	3.1.2 氩弧焊 …………………………………………………………………… 37
	3.1.3 CO_2 气体保护焊 ………………………………………………………… 38
	3.1.4 电渣焊 …………………………………………………………………… 39
3.2 压力焊接 ……………………………………………………………………… 40
	3.2.1 电阻焊 …………………………………………………………………… 40
	3.2.2 摩擦焊 …………………………………………………………………… 43
3.3 钎焊 …………………………………………………………………………… 43
	3.3.1 钎焊的分类 ……………………………………………………………… 44
	3.3.2 钎焊的特点及应用 ……………………………………………………… 44
3.4 焊接在新能源领域的应用 …………………………………………………… 45
复习思考题 …………………………………………………………………………… 47

第4章 粉末冶金 ……………………………………………………………… 48

4.1 粉末冶金概述 ………………………………………………………………… 48
4.2 粉体制备技术 ………………………………………………………………… 49
	4.2.1 机械法 …………………………………………………………………… 50
	4.2.2 物理化学法 ……………………………………………………………… 50
4.3 成形方法 ……………………………………………………………………… 51

4.3.1　普通模压成形 ·· 51
4.3.2　等静压成形 ··· 52
4.3.3　喷射成形 ·· 55
4.3.4　粉末挤压成形 ··· 57
4.3.5　粉末热压成形 ··· 58
4.3.6　粉末注射成形 ··· 60
4.4　烧结 ·· 61
4.5　后处理 ··· 62
4.6　粉末冶金在新能源领域的应用 ·· 63
4.6.1　新能源汽车零件生产 ··· 63
4.6.2　锂离子电池材料制备 ··· 63
4.6.3　储氢材料制备 ··· 63
4.6.4　清洁能源设备材料制备 ·· 63
复习思考题 ·· 64

第5章　气相沉积 ··· 65

5.1　气相沉积与薄膜技术的关系 ··· 65
5.2　物理气相沉积 ·· 66
5.2.1　物理气相沉积概述 ·· 66
5.2.2　真空蒸发镀膜 ··· 66
5.2.3　溅射镀膜 ·· 69
5.2.4　离子镀膜 ·· 70
5.3　化学气相沉积 ·· 71
5.3.1　化学气相沉积的过程及优缺点 ··· 71
5.3.2　化学气相沉积工艺 ··· 72
5.4　气相沉积在新能源领域的应用 ·· 74
5.4.1　太阳能电池的生产 ··· 74
5.4.2　锂离子电池负极材料的制备 ·· 74
复习思考题 ·· 75

第6章　电镀和化学镀 ·· 76

6.1　电镀 ·· 76
6.1.1　电镀的基本原理 ·· 76
6.1.2　电镀溶液的基本组成 ··· 77
6.1.3　电镀的实施方式 ·· 78
6.1.4　电镀的工艺过程 ·· 80
6.2　化学镀 ··· 81

  6.2.1 化学镀的原理与溶液的构成 ·· 81
  6.2.2 化学镀的优缺点 ·· 82
  6.2.3 化学镀的类型 ··· 83
6.3 电镀和化学镀在新能源材料成型中的应用 ·· 84
复习思考题 ··· 85

第7章 塑料成型 ·· 86

7.1 塑料成型理论基础 ·· 86
  7.1.1 聚合物的分子结构、性质及聚集态结构 ······································ 86
  7.1.2 聚合物材料的加工方法和加工性能 ·· 88
  7.1.3 非晶态聚合物的热力学性能 ··· 89
7.2 塑料的组成和分类 ·· 90
  7.2.1 塑料的组成 ·· 90
  7.2.2 塑料的分类 ·· 92
7.3 塑料的工艺性能 ·· 94
7.4 塑料成型加工方法 ·· 97
  7.4.1 注射成型 ·· 98
  7.4.2 压缩成型 ··· 100
7.5 新能源汽车轻量化塑料 ··· 103
复习思考题 ·· 105

参考文献 ·· 106

第1章 压力铸造

1.1 压力铸造概述

1.1.1 压力铸造的概念

压力铸造（简称压铸）是将熔融金属在压铸机中在高压力的作用下以极高的速度填充到金属铸型内并在压力下成形和凝固而获得铸件的方法。

压铸时，常用的压射比压在几兆帕至几十兆帕范围内，甚至高达500MPa。充填速度在0.5~120m/s范围内；充填时间很短（与铸件的大小、壁厚有关），一般为0.01~0.2s，最短仅有千分之几秒。

1.1.2 压力铸造的特点、优缺点和应用

(1) 压力铸造的特点

高压力和高速度是压铸时熔融合金充填成形过程的两大特点，也是压铸与其他铸造方法最根本的区别所在。

(2) 压力铸造的优缺点

与其他铸造方法相比，压力铸造有以下优点：

① 铸件的尺寸精度最高，表面粗糙度值（Ra）最小。尺寸精度一般为IT11~IT13级，有时可达IT8~IT9级，Ra值为0.8~3.2μm，有时达0.4μm，因此压铸件可不经机械加工而直接使用，产品互换性好。

② 生产效率很高，生产过程易于机械化和自动化。在所有的铸造方法中，压铸是一种生产率最高的方法：一般冷压室压铸机平均每8小时可压铸600~700次，小型热压室压铸机平均每8小时可压铸3000~7000次。

③ 可以制造形状复杂、轮廓清晰、薄壁深腔的金属零件。压铸时熔融金属在高压高速下保持高的流动性，因而能够获得其他工艺方法难以加工的金属零件。例

如，当前铝合金压铸件厚度可达 0.5mm；最小铸出孔直径为 0.7mm；可铸出螺纹最小螺距为 0.75mm。

④ 在压铸件上可以直接嵌铸其他材料的零件，以节省贵重材料和加工工时，这样既满足了使用要求，扩大产品用途，又减少了装配工作量，使制造工艺简化。

⑤ 压铸件组织致密，具有较高的强度和表面硬度。因为液态金属是在压力下凝固的，且充填时间很短，冷却速度极快，所以在压铸件上靠近表面的一层金属晶粒较细，组织致密，使表面硬度提高，并具有良好的耐磨性和耐蚀性。压铸件抗拉强度一般比砂型铸件提高 25%～30%，但伸长率有所下降。

压铸的主要缺点是：

① 压铸时，高速液流会包住大量空气，凝固后在铸件表皮下形成许多气孔，故压铸件不能进行较多余量的切削加工，以免气孔暴露出来。有气孔的压铸件也不能进行热处理，因为高温加热时气孔内气体膨胀，会使铸件表面鼓泡或变形。

② 压铸高熔点合金（铜合金、铁合金等）时，压铸模寿命很短，难以用于实际生产。

③ 设备投资大，生产准备周期长。只有在大量生产条件下，经济上才合算。

(3) 压力铸造的应用

压铸目前主要用于有色合金铸件。在压铸件产量中，占最大比重的是铝合金压铸件，占比为 30%～50%；其次为锌合金压铸件；铜合金压铸件占 1%～2%。应用压铸件最多的是汽车、拖拉机制造业，其次为仪表制造和电子仪器工业，再次为农业机械、国防工业、计算机、医疗器械等制造业。用压铸法生产的零件有发动机缸体、气缸盖、变速箱箱体、发动机罩、仪表和照相机的壳体与支架、管接头、齿轮等。

1.2 压铸工艺过程和压铸机

1.2.1 压铸工艺过程

合金材料、压铸机及压铸模是压铸工艺过程的三个基本要素。以普通压铸为例，其工艺过程如图 1-1 所示。

1.2.2 压铸机及其工作过程

压铸机是压铸生产中最基本的成形设备。按压室受热条件的不同，压铸机分为热压室压铸机和冷压室压铸机两大类。冷压室压铸机按其压室结构和布置方式又分卧式、立式两种形式，卧式压铸机应用最多，立式压铸机在生产中使用较少。

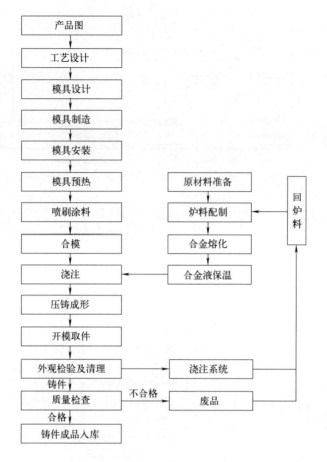

图 1-1 压铸工艺过程

(1) 卧式冷压室压铸机

卧式冷压室压铸机的基本结构主要包括开合模机构、压射机构、动力系统和控制系统等,如图 1-2 所示。

开合模机构带动压铸模的动模部分进行模具分开或合拢,成形时提供足够的夹紧力使模具锁紧,开模时推出模内铸件。压射机构是将金属液推进模具型腔,填充成形为压铸件的机构。动力系统提供动力,供各功能机构动作,以实现压铸机的动作循环。控制系统的作用在于按预定的动作程序要求发出控制信号,以使各机构顺序动作,完成压铸操作。

卧式冷压室压铸机压铸工艺过程(图 1-3):合模后金属液浇入压射室,压射冲头向前推进,将金属液经浇道压入型腔;开模时,余料借助压射冲头前伸的动作离开压室,同压铸件一起取出,完成一个压铸循环。

卧式冷压室压铸机具有压力大、操作程序简单、生产率高等特点,因此广泛用

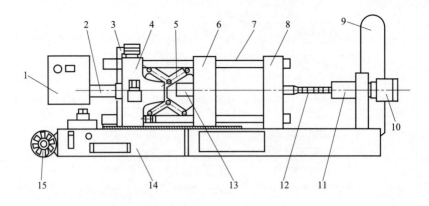

图 1-2 卧式冷压室压铸机的结构

1—控制柜；2—合模缸；3—模具高度调节装置；4—曲肘支撑座板；5—曲肘机构；
6—动模座；7—拉杆；8—定模座；9—蓄能器；10—增压器；11—压射缸；
12—压室与冲头；13—顶出缸；14—底座与传动液箱；15—泵及电动机

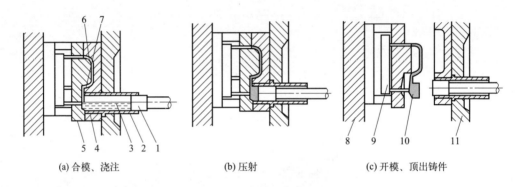

(a) 合模、浇注　　　　　(b) 压射　　　　　(c) 开模、顶出铸件

图 1-3 卧式冷压室压铸机压铸工艺过程示意图

1—压射冲头；2—压室；3—液态金属；4—定模；5—动模；6—型腔；
7—浇道；8—动模座；9—顶出器；10—余料；11—定模模座

于压铸各种有色金属铸件，也适用于黑色金属压铸件的生产（目前尚不普遍），但不便于压铸带有嵌件的铸件。在使用中心浇口时，压铸模结构较复杂。

(2) 卧式热压室压铸机

卧式热压室压铸机的外形、结构及工作原理如图 1-4～图 1-6 所示。卧式热压室压铸机工作过程：如图 1-6 所示，当压射冲头 3 上升时，金属液通过鹅颈管进入压室内；合模后，在压射冲头下压时，金属液沿着通道经喷嘴填充压铸模，冷却凝固成形，压射冲头回升；然后开模取件，完成一个压铸循环。

卧式热压室压铸机结构简单，操作方便，生产率高，工艺稳定。卧式热压室压铸机通常用于低熔点合金的压铸，以锌合金最为典型。

图1-4 卧式热压室压铸机外形

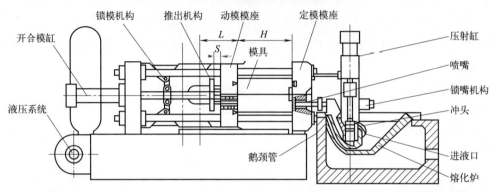

图1-5 卧式热压室压铸机结构

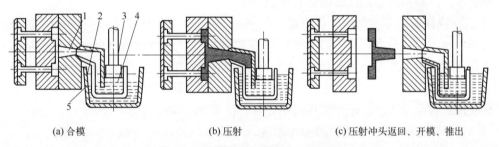

(a) 合模　　　　　　　(b) 压射　　　　　(c) 压射冲头返回、开模、推出

图1-6 卧式热压室压铸机工作原理

1—喷嘴；2—坩埚；3—压射冲头；4—热压室；5—鹅颈管

1.3 压铸工艺参数的选择

1.3.1 冷压室压铸机压铸工艺参数

(1) 压铸压力的选择

在保证机器正常工作，铸件产品质量合乎要求的前提下，尽量减小工作压力。压铸压力的选择原则是：薄壁件压射比压选高些，厚壁件增压比压选高些，形状复

杂件压射比压选高些；凝固温度范围大时，增压比压选高些；流动性好时，压射比压选低些；合金材料密度大时，压射比压、增压比压均选高些；比强度大时，增压比压选高些；排气道截面积足够大时，压射比压、增压比压均选低些；合金与模具温差大时，压射比压选高些。

(2) 压射速度的选择

压射速度主要指充型（充填）速度，即内浇口速度。压射速度分为慢压射速度（又称射料一速）、快压射速度（又称射料二速）、增压运动速度。慢压射速度通常在 $0.1\sim0.8$ m/s 范围内选择，速度由 0 逐渐增大；快压射速度与内浇口速度成正比，一般从低向高调节，在不影响铸件质量的情况下以较低的快压射速度为宜。增压运动所占时间极短，它的目的是压实金属，使铸件组织致密。在调节增压运动速度时，一般观察射料压力表的压力示值，使其在增压运动中呈斜线均匀上升，压铸产品无疏松现象即可。

充型速度选择原则是：对于厚壁或内部质量要求较高的铸件，应选择较低的充型速度；对于薄壁或表面质量要求高的铸件及复杂铸件，则应选择较高的充型速度；当浇注温度较低、模具材料的导热性能或散热条件较好时，也应选择较高的充型速度。

(3) 压铸温度的选择

温度是压铸工艺的又一个重要参数，它对压铸件质量和压铸模的寿命有着重要的意义。压铸温度包括浇注温度和模具温度。

① 浇注温度通常是指金属液浇入压室时的温度，并以保温炉内的液态金属温度来表示。浇注温度过高，合金液吸气量增加，易产生气孔或针孔。浇注温度过低，合金液流动性差，容易产生冷隔、表面流纹和浇不足等缺陷。浇注温度应与压力、充型速度以及压铸模温度综合考虑。根据铸件壁厚和结构复杂程度的不同，各种常用压铸合金的浇注温度可查阅相关压铸技术手册获得。

② 模具温度是指压铸模的工作温度，一般以压铸模的表面温度来表示。压铸模在工作前要预热到一定的温度，一般为 $150\sim200$℃。在连续生产中，通常情况是压铸模温度不断升高，尤其在压铸高熔点合金时温度升高很快。压铸模的工作温度必须控制在最佳工作温度范围内，一般以合金凝固温度的 1/2 为限。压铸模预热和工作温度控制的方法很多，实际生产中一般多用煤气喷烧、喷灯、电热器或感应加热方式进行预热，采用模具冷却水系统进行工作温度控制，而最好的方法则是采用模温机（提供循环热油进行预热和模温调节）进行自动模温控制。

(4) 时间参数

时间参数包括充型时间、增压建压时间、保压时间和留模时间。

① 充型时间是指压铸过程中液体金属自内浇口开始进入型腔，到充满型腔所需的时间。充型时间是一个非常关键的参数，是进行压铸工艺、压铸模具设计及压

铸机选用的基础。充型时间的长与短只是相对的，而不是绝对的，最佳充型时间随铸件的体积、壁厚、形状以及模具结构和工艺条件的不同而异。

② 增压建压时间是指在充型结束（液态金属充满整个型腔）的瞬间，由增压器开始工作至压力达到压实压力的时间。增压建压时间是由压铸机来保证的，现代压铸机的增压建压时间一般为 0.02～0.04s，可以根据需要进行调节，最短已可达到 0.007s。

③ 保压时间是指在熔融合金充满型腔后，使熔融金属在增压比压的作用下凝固的这一段时间。保压的作用是使型腔中的液态金属在压实压力（增压压力）的持续作用下完成凝固，从而获得组织致密的铸件。

④ 留模时间是指保压结束到开模取件这一段时间。留模的作用是使凝固成形后的铸件在模具内进一步冷却，以获得足够的强度和刚度，从而在开模顶出铸件时不会发生变形，保证应有的尺寸精度。留模时间的长短与铸件的材质、结构、大小、壁厚以及模具温度和余料厚度等因素有关。

1.3.2 热压室压铸机压铸工艺参数

(1) 压射冲头慢压射速度

慢压射速度尽可能低，以减少由液态金属流通过程中的摩擦和湍流引起的压力损失，同时可以保持金属液与壁面的接触，避免空气的混入。建议取压铸机最大压射速度的 25%～35%。压射时间在 0.5～2s 之间；若时间过长，易在喷口处出现金属冷凝现象。

(2) 压射冲头快压射速度起始点

快压射速度起始点的设定必须确保液态金属到达内浇口之前其流动速度能够达到所需数值（模具设计阶段已设定）。根据压铸机型号和模具的不同，起始点位置通常从压射冲头起始点向下 10～70mm。起始过晚时，铸件型腔的一部分在低速条件下填充，表面质量受到严重影响；过早时，排气不充分，且蓄能器的能量被提前使用，影响铸件质量。

(3) 快压射速度

金属液填充型腔形式以雾化状充填为最佳状态，这时金属液在浇口处进入型腔的速度必须大于 35m/s。对于薄壁锌合金铸件，要达到 45～60m/s。

(4) 填充时间

为获得表面光滑和轮廓清晰的铸件，要求在极短的时间内填满整个工件型腔。根据锌合金工件的特征，填充时间应在 6～40ms。

(5) 压铸比压

薄壁件、电镀件、承载件、复杂件的压铸比压应选高些；浇道阻力大、浇道长、转向多时，压铸比压应选大些；内浇口速度要求高时，压铸比压应选大些。一般铸件应选 13~20MPa；要求高的铸件，压铸比压在 20~30MPa 范围内。

(6) 保压时间与保压比压

保压时间长，会降低生产速度，影响生产。保压时间短，则铸件在凝固过程中的收缩得不到充分的补偿，降低铸件的力学性能。保压时间根据壁厚和观察内浇口处是否出现空洞而定，一般应大于 0.5s。正常的保压比压在 14~35MPa。

1.4 压铸件的结构设计

压铸件结构设计是压铸工作的第一步，因此压铸件结构的合理性对压铸件产品的质量、生产成本等有着直接的影响。压铸件结构如果不合理，将会直接导致模具制造困难，影响产品成形时间和成形质量。

一般压铸件精度为 IT13 级，高精度压铸件精度为 IT11 级。压铸件的表面粗糙度比型腔的表面粗糙度低两级左右。用新模压铸可获得表面粗糙度 $Ra0.8\mu m$ 的压铸件。在模具的正常使用期限内，铝合金压铸件表面粗糙度大致能控制在 $Ra3.2~6.3\mu m$ 的范围内。压铸件具有精确的尺寸和良好的铸造表层，一般可以不再做机械加工。

压铸件结构的工艺性应遵循以下基本原则：尽量消除铸件内部侧凹，使模具结构简单；尽量使铸件壁厚均匀，可利用肋减少壁厚，避免铸件产生气孔、缩孔、变形等缺陷；尽量消除铸件上深孔、深腔，这是因为细小型芯易弯曲、折断，深腔处充填和排气不良；设计的铸件要便于脱模、抽芯。

(1) 壁厚

壁板是压铸件最基本的结构单元，对压铸工艺影响最大。在设计压铸件时，往往为保证强度和刚度方面的可靠性，以为壁越厚，性能越好；实际上对于压铸件而言，随着壁厚的增加，内部易产生气孔、缩孔和缩松等缺陷，力学性能反而明显下降。因此在保证压铸件有足够强度和刚度的前提下，应尽可能减小壁厚，最小壁厚值可查阅相关压铸工艺设计手册获得。

在满足使用功能要求条件下，通过减少铸件断面面积或将某些部位设计成空腔，从而使壁厚尽量均匀，以最低的金属消耗取得良好的成形性和工艺性。如图 1-7 所示，把图 (a) 设计改为图 (b) 设计，保证了铸件外形结构和装配孔不变，减少了厚壁部位，既避免了厚壁处产生缺陷，又减少了材料的成本。图 1-8 所示为均匀壁厚设计形式。

(2) 加强肋

压铸件倾向采用均匀的薄壁设计，为提高其强度和刚度，可通过设计肋，即加强筋来达到目的。肋还有利于保证金属液充填时流动路程的顺畅。对于大平面类的铸件，设计肋可增加强度及防止产生变形。图 1-9 所示为增设加强肋、减薄壁厚，

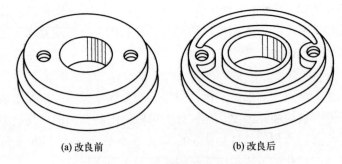

图 1-7 减少厚壁部位的设计形式

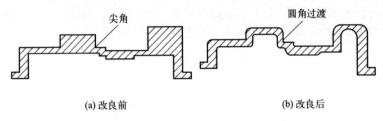

图 1-8 均匀壁厚设计形式

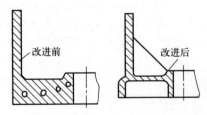

图 1-9 增加加强肋使壁厚均匀

避免压铸件厚壁处产生缩松等缺陷。

肋的厚度一般不应超过与其相连的壁的厚度,可取肋处壁厚的 2/3~3/4。为减少脱模时的阻力,肋应有铸造斜度。

(3) 铸造圆角

在压铸件壁与壁的连接处,不论是直角,还是锐角或钝角,都应设计成圆角。只有在预计选定为分型面的部位上才不采用圆角连接,而且必须为尖角。采用圆角,可使金属液流动顺畅,改善充型特性,气体容易排出。同时,避免尖角产生应力集中而导致裂纹缺陷。

(4) 压铸件的脱模斜度

为了保证压铸件能够从压铸模具中顺利脱出,在压铸件上沿脱出方向的所有内表面都要有一定的斜度。压铸件的壁越厚,合金对型芯的包紧力也越大,脱模斜度就越大。合金的收缩率越大,熔点越高,脱模斜度也越大。在允许的范围内,宜采用较大的脱模斜度,以减小所需要的推出力或抽芯力。

(5) 压铸孔和槽

相对于其他铸造工艺，压铸可以铸出细长孔和槽。对精度要求不是很高的孔和槽，不经机械加工就能直接使用。所以，只要工艺允许，一般都会选择将孔、槽直接铸出。

压铸孔和槽由金属型芯形成。压铸时型芯被金属液包围，易发生型芯的弯曲和折断，或在开模时被拉断。因此，压铸件上可以铸出的孔和槽，其最小尺寸和深度是有限制的。注意：孔与压铸件边缘的距离应不小于2mm，深度方向应带有一定斜度，以便于抽芯；孔的铸造斜度随孔的深度加大而逐步减小。

(6) 嵌铸

为获得压铸件某些特殊性能，如耐磨性、耐蚀性、导电性、导磁性、焊接性等，可预先把某种材质的零件放入型腔，再进行压铸，从而结合为一体，见图1-10。嵌件周围应包有一定厚度的金属层，以保证铸件与嵌件之间足够的结合力。

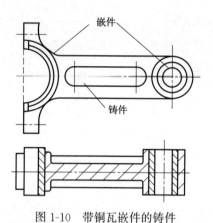

图1-10 带铜瓦嵌件的铸件

1.5 压铸模具的基本结构

压铸模具简称压铸模，由定模和动模两大部分组成。定模固定在压铸机的定模模座上，浇注系统与压铸机的压室相通。动模固定在压铸机的动模模座上，随动模模座移动，而合模、开模、一般抽芯机构和推出机构设在动模部分。合模时，动模与定模闭合形成型腔，金属液通过浇注系统在高压作用下高速充填型腔；开模时，动模与定模分开，推出机构将压铸件从型腔中推出。压铸模的基本结构如图1-11所示。

(1) 成型零件

定模与动模合拢后，构成一个压铸件形状的空腔，称为型腔。构成型腔的零件

1.5 压铸模具的基本结构

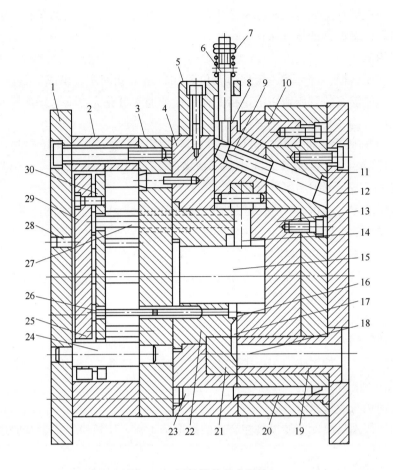

图 1-11 压铸模的基本结构

1—动模模座；2—垫板；3—支承板；4—动模套板；5—限位块；6—螺杆；7—弹簧；
8—滑块；9—斜销；10—楔紧块；11—定模套板；12—定模模座；13—定模镶块；
14—活动型芯；15—型芯；16—内浇口；17—横浇道；18—直浇道；19—浇口套；
20—导套；21—导流块；22—动模镶块；23—导柱；24—推板导柱；25—推板
导套；26—推杆；27—复位杆；28—限位钉；29—推板；30—推杆固定板

即为成型零件。形成压铸件内表面的称为型芯。成型零件包括固定的和活动的镶块与型芯，如图 1-11 中的定模镶块 13、动模镶块 22、型芯 15、活动型芯 14。

(2) 浇注系统

浇注系统连接压室与模具型腔，引导金属液进入型腔的通道，由直浇道、横浇道、内浇口组成。如图 1-11 中浇口套 19、导流块 21 组成直浇道，横浇道、内浇口开设在动、定模镶块上。

(3) 溢流、排气系统（排溢系统）

排溢系统是排除压室、浇道和型腔中气体的通道，一般包括排气槽和溢流槽。

而溢流槽又是储存金属冷渣和涂料余烬的处所。有时在难以排气的深腔部位设置通气塞,借以改善该处的排气条件。

(4) 模架

模架将压铸模各部分按一定规律和位置加以组合和固定,组成完整的压铸模,并使压铸模能够安装到压铸机上进行工作。模架通常可分为支承与固定零件、导向零件和推出机构3个部分。

① 支承与固定零件。其中包括各类套板、模座、支承板、垫块等起装配、定位、安装作用的零件,如图1-11中的动模模座1、垫块2、支承板3、动模套板4、定模套板11、定模模座12。

② 导向零件。导向零件是确保动模、定模在安装和合模时精确定位,防止动模、定模错位的零件,如图1-11中的导柱23、导套20。

③ 推出机构。推出机构是压铸件成形后,将动模、定模分开,将压铸件从压铸模中脱出的机构,如图1-11中的推杆26、复位杆27、推板29、推杆固定板30、推板导柱24、推板导套25等。

(5) 抽芯机构

当压铸件侧面有侧凹或侧凸结构时,则需要设置侧抽芯机构,完成活动型芯的抽出及插入动作。如图1-11中的限位块5、螺杆6、弹簧7、滑块8、斜销9、楔紧块10、活动型芯14等。

(6) 加热与冷却系统

为了平衡模具温度,使模具在合适的温度下工作,压铸模上常设有加热与冷却系统。

除上述几部分之外,压铸模内还有其他部件,如紧固用的螺栓及定位用的销钉等。

1.6 压力铸造在新能源领域的应用:一体化压铸

新能源汽车的快速发展对铝合金零部件提出了更高的要求,即体积更大、结构更复杂、性能更好。其中,全铝汽车车身是将车身覆盖件焊接或铆接在车身骨架上形成的完整壳体,由车身焊接总成(白车身)及其附件组成,有多种制造工艺:

传统制造工艺包括冲压、焊装、涂装、总装四个环节;

一体化压铸将冲压和焊装合并,简化了白车身的制造过程:通过大吨位压铸机,将多个单独、分散的铝合金零部件高度集成,再一次成形压铸为1~2个大型铝铸件。

特斯拉公司是汽车大型部件铝合金一体化压铸的创始者。2019年7月,特斯拉发布新专利"汽车车架的多向车身一体成形铸造机和相关铸造方法"。该方法将一套固定的模具放置在中心，四套可以移动的模具放置在四个不同方向；可移动的模具通过液压设备分别与中心固定好的模具贴合，共同形成一个封闭的空腔，铝合金液分别从四个移动模具上的浇注口压入模具空腔；铝合金液在空腔内流动、凝固，最终形成大型的一体式压铸结构零件。

新能源汽车领域一体压铸已拓展至后地板总成、车身、新能源汽车电池包等。2020年，特斯拉开始与意大利压铸设备商意德拉合作，使用6000级压铸单元Giga Press（压铸机），采用一体成形压铸的方式生产Model Y车型，其中包括：

(1) 后地板总成

传统制造工艺制备一个后地板需要先冲压出70多个零件［图1-12（a）］，后经过焊装、涂装和总装制造工艺，把这些零件拼在一起，组装成一个底盘后地板。这个过程大概需要1～2h。采用一体化压铸技术的Model Y车型，把后地板原先的70多个零件变成了一个零件［图1-12（b）］，压铸过程只需要45s～2min，并将下车体减重10%，制造成本下降40%。一体化压铸车身是轻量化技术的升级，减少了车身零件数量，使得车身结构大幅简化；在轻量化的同时，简化供应链环节，具备降低车重、减少电池成本、原材料利用率高等优点。

(a) 传统制备Model Y车型后地板70多个金属零件　　(b) 一体化压铸后地板一个金属零件

图1-12　一体化压铸技术在Model Y车型后地板上的应用

(2) 4680电芯CTC（将电池包集成到车体，直接与座椅连接）

它使车辆减重10%，续航里程增加14%，零件减少370个，成本下降7%，单位投资下降8%，目前已在得克萨斯州奥斯汀工厂量产。

1.6.1 一体化压铸技术助力实现汽车全生命周期降本增效

(1) 一体化压铸技术将造车精度级别提高至微米级别

一体化压铸以整体性部件代替冲压和焊接的多个车身覆盖件,可以有效避免大量零件焊接时的误差累计。压铸零件将车身匹配的尺寸链缩短至两到三环,尺寸链环数越少,车身精度的影响因素越少,车身精度和稳定性也越好。

(2) 一体化压铸具有低成本优势

在生产线成本方面,一体化压铸能够减少传统"冲焊"工艺的使用,减少冲压机、模具、焊接夹具及检测机等设备的购置,节省生产线建设成本。同时,一台压铸机占地仅 $100m^2$,基础设施成本大幅降低。

在材料成本方面,一体化压铸能够减少零部件数量,降低材料用量。此外,一体化压铸可有效避免边角料的产生,实现材料95%以上的利用率。

在人力成本方面,一体化压铸技术能够大量减少焊接点位,从而降低对焊接技术工人的需求。

(3) 一体化压铸能够提高生产效率

一方面,一体化压铸技术在有效减少零部件数量的基础上可以将生产过程大幅简化,从而减少工作量,提升制造效率。另一方面,由于车身零部件数量大幅减少,车企的车型开发综合调试周期也可以得到超过50%的缩减。

(4) 一体化压铸能够有效实现汽车减重增程

一体化压铸的原材料主要为铝合金,相较于传统钢制车身 350~450kg 的质量,一体化压铸铝合金车身质量仅为 200~250kg,可以实现超过30%的减重。其相较于传统铝车身也有显著轻量化效果:特斯拉新一代一体压铸底盘可以减重约10%,相当于增加了近15%的总续航里程。

(5) 一体化压铸能够提升行业材料回收利用率

一体化压铸只使用一种材料,全铝车身的材料回收利用率可以达到95%以上。回收时可直接将废料融化以制造其他产品,保证了白车身制造过程中极高的原材料回收利用率。

1.6.2 一体化压铸技术属重资产领域,后期维修成本高

(1) 一体化压铸资金占用大

一体化压铸属于重资产领域,具有很高的资金壁垒:大型压铸设备单台价格在数千万元以上,模具价格大多在百万元级别,部分复杂模具单个成本可超过千万元,一条一体化压铸生产线价值上亿元。其中,约40%~60%为材料成本,难以通过技术进步实现大幅的成本下降。同时,前期设备投入后,需要经过长时间、多

参数经验积累才能保障产品良品率，在良品率达不到一定要求时，盈利空间十分狭小。

（2）一体化压铸车身后期维修费用高

当车辆发生碰撞等事故，造成零部件损坏时，需要对压铸件进行整体更换，维修费用显著上升。这一隐性风险将影响消费者对采用一体化压铸技术生产的汽车的购买决策，对一体化压铸技术推广及发展造成阻滞。

1.6.3 一体化压铸核心技术环节

一体化车身压铸成形需突破设计、材料、工艺、模具和装备等方面的关键技术，在产业链上，对应压铸机吨位的不断增加，压铸模具复杂程度的上升和一体化压铸材料的比强度、耐腐蚀性等性能指标的日益提升。

（1）超大型压铸机

一体化压铸机是产业链中最重要的环节之一。2019—2020 年，一体化压铸机基本处于 6000 吨级水平；2022 年 6 月，9000 吨级压铸机亮相欧洲压铸工业展；2023 年 3 月，广东鸿图科技有限公司已成功导入 1.2 万吨压铸机。从大型化方面看，未来随着零部件体积和复杂度的提升，一体化压铸机的吨位还必将再度增加。

（2）压铸模具技术趋于精密化升级

模具是一体化压铸的核心零部件之一。随着一体化压铸零部件体积的增大以及结构复杂度的增加，模具的热平衡及流道设计的复杂度也相应提升，脱模设计需要考虑的因素增加，机械加工难度上升。在这一趋势下，模具将成为产业链中技术难度最大的环节之一。

（3）免热处理铝合金

免热处理铝合金是一体化压铸的重要应用材料。近年来，随着压铸机吨位及压铸汽车零部件的体积越来越大，压铸后热处理过程导致的零件变形及表面气泡问题愈来愈严重。免热处理铝合金无须经过高温固溶处理和人工时效，仅通过自然时效即可实现较佳的强度和塑性。对于免热处理铝合金，主要通过微合金化来调控合金的微观组织及尺寸形貌，结合固溶强化、细晶强化以及第二相弥散强化来对材料进行强化。采用免热处理铝合金可改善铸件的质量，提升合金的力学性能，且节约能源，减少碳排放，使车身结构件在成本和性能方面具有较大的优势。

复习思考题

① 压力铸造具有什么特点？其主要应用是什么？
② 请简述卧式冷压室压铸机压铸工艺过程。
③ 请简述热压室压铸机压铸工艺过程。

④ 卧式冷压室压铸机压铸工艺参数有哪些？如何根据具体情况进行选择？

⑤ 热压室压铸机压铸工艺参数有哪些？如何根据具体情况进行选择？

⑥ 压铸件结构的工艺性应遵循哪些基本原则？

⑦ 压铸模具由哪些部分组成？

⑧ 什么是一体化压铸？一体化压铸核心技术环节有哪些？

第2章 冲　压

2.1 冲压概述

冲压是塑性加工的基本方法之一。它是利用安装在压力机上的冲压模具对材料（板料、条料或带料）施加压力，使其产生分离或发生塑性变形，从而获得具有所需形状和尺寸以及一定力学性能的零件的一种压力加工方法。

2.1.1 冲压的特点

冲压的应用范围非常广泛。与其他成形方法相比，冲压具有以下特点：

① 原材料必须具有足够的塑性，并应有较低的变形抗力。

② 金属板料经过塑性变形的冷变化强化作用，并获得一定的几何形状后，具有结构轻巧、强度和刚度较高的特点。

③ 冲压件尺寸精度高、质量稳定、互换性好，一般不再需要大量的后续机械加工就能获得强度高、刚性好、重量轻、互换性好的零件。

④ 冲压生产操作简单，生产效率高，每分钟可冲压成形工件几件、几十件，甚至几百件；生产率高，便于实现机械化和自动化，适合于大量生产。

⑤ 冲压模具结构复杂，精度要求高，制造费用高。只有在大批量生产的条件下，采用冲压加工方法在经济上才是合理的。

2.1.2 冲压的分类

冲压按照工艺分类，可分为分离工序与成形工序两大类。

分离工序又称为冲裁，是在冲压过程中使冲压件与板料沿一定的轮廓线相互分离的工序，如表 2-1 所示，包括落料、冲孔和切断等。其目的是通过冲压使毛坯沿一定的轮廓线相互分离，同时分离断面的质量也要满足要求。

成形工序是毛坯在不被破坏的条件下产生塑性变形，形成具有所要求的形状和尺寸精度的制件，如表 2-2 所示，主要有弯曲、拉深和翻边等。成形工序的目的是使毛坯在不产生破坏的情况下发生塑性变形，以获得形状、尺寸和精度都能满足要求的制品。

表 2-1 分离工序

工序名称	简图	工序特征
落料	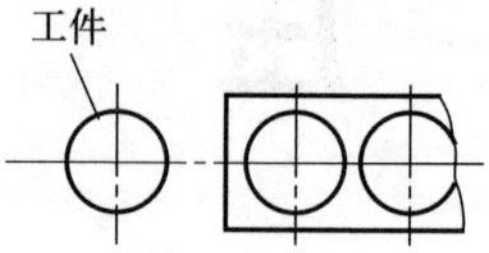	用模具沿封闭轮廓冲切板料，冲下的部分为工件
冲孔	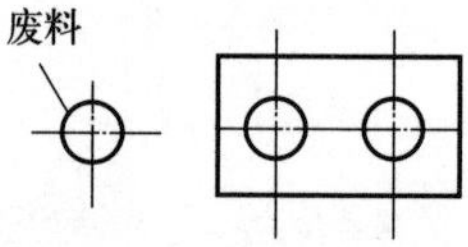	用模具沿封闭轮廓冲切板料，冲下的部分为废料
切断	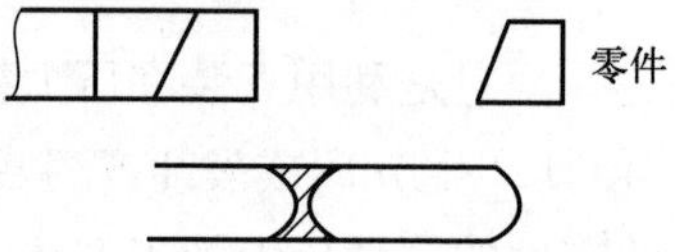	用剪刀或模具切断板料，切断线不是封闭的
切边	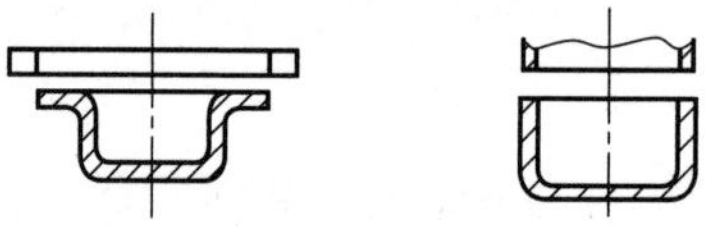	用模具将工件边缘多余的材料冲切下来
冲槽	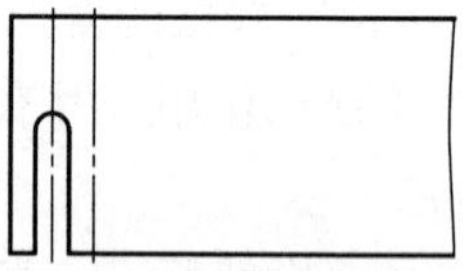	在板料上或成形件上冲切出窄而长的槽
剖切	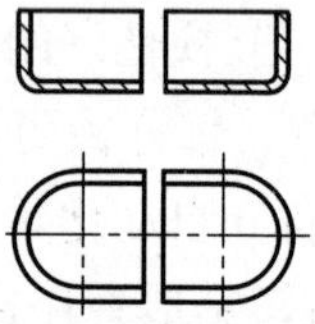	把冲压加工成的半成品切开成为两个或数个零件

表 2-2 成形工序

工序名称	简图	工序特征
弯曲	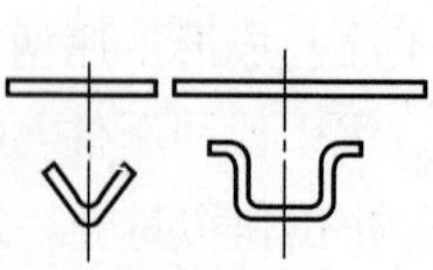	用模具将板料弯曲成一定角度的零件，或将已弯件再弯

续表

工序名称	简图	工序特征
拉深		用模具将板料压成任意形状的空心件,或将空心件做进一步变形
翻边		用模具将板料上的孔或外缘翻成直壁
胀形		用模具对空心件施加向外的径向力,使局部直径扩张
缩口		用模具对空心件口部施加由外向内的径向压力,使局部直径缩小
挤压		把毛坯放在模腔内,加压使其从模具空隙中挤出,以成形空心或实心零件
卷圆		把板料端部卷成接近封闭的圆头,用以加工类似铰链的零件
扩口		在空心毛坯或管状毛坯的某个部位上使其径向尺寸扩大
校形		将工件不平的表面压平,将已弯曲或拉深的工件压成正确的形状

2.2 冲裁

2.2.1 冲裁变形过程

冲裁模具的凸模与凹模均有较锋利的刃口，并且凸模与凹模间存在一定的间隙（图 2-1）。模具与板料在刃口附近保持接触，此处作用力很大。随着凸模继续压下，板料首先产生弹性变形，凹模孔内的板料与周边发生错移［图 2-1（a）］。接着板料发生塑性变形［图 2-1（b）］，这一阶段突出的特点是材料只发生塑性流动，而不产生任何裂纹。刃口附近变形量最大，当应力超过材料屈服极限后，在凹模侧壁靠近刃口处的材料首先出现裂纹。在一般情况下，在凹模附近产生的裂纹向凸模刃口方向发展的过程中，处在凸模侧面靠近刃口附近的材料也将产生裂纹，直到上下裂纹重合，金属被切断分离［图 2-1（c）］。

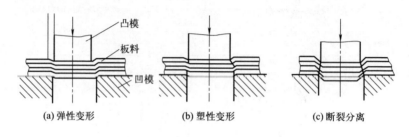

图 2-1 冲裁变形过程分析

2.2.2 冲裁件断面

冲裁后被冲入孔的一块料在落料时为工件，冲孔时为废料。留在凹模面上的材料在冲孔时为工件，落料时为废料。

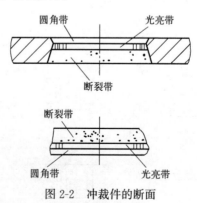

图 2-2 冲裁件的断面

由于冲裁变形的特点,冲出的工件断面与板料上下平面并不完全垂直,粗糙而不光滑。冲裁断面可明显地分成圆角带、光亮带和断裂带三个特征区(图2-2)。圆角带是刃口附近的材料产生弯曲与伸长的结果。材料硬度越低,圆角带越大。光亮带是材料受挤压形成的垂直、光亮的断面部分。塑性越好,光亮带越大。断裂带是裂纹扩展形成的撕裂面,断面粗糙且有斜度。这三部分区域的大小与材料的性能和凸、凹模间的距离有关。

2.2.3 冲裁间隙

冲裁间隙是指冲裁模凸、凹模刃口之间的间隙,分单边间隙和双边间隙两种:单边间隙用 C 表示,双边间隙用 Z 表示,$C=Z/2$。模具间隙不仅影响冲裁件的质量,而且影响模具的寿命,是冲裁工艺与模具设计中要考虑的重要问题。

冲裁时,裂纹不一定从凸、凹模刃口同时发生,上下裂纹是否重合与凸、凹模间隙值有关:

间隙合理时,上下刃口处产生的裂纹在冲裁过程中将相互重合。此时断面较平直,毛刺很小[如图2-3(b)],所需冲裁力也小。

当间隙过小时,凸模处的裂纹向外错移,当凸模继续下压时在上、下裂纹中间将产生二次剪切,断面两端为光亮带,中间为断裂带,毛刺较大[如图2-3(a)],此时需加较大的力才能使板料分离变形。这种毛刺比较容易去除,只要工件中间撕裂得不是很深,仍可应用。

当间隙过大时,材料的弯曲和拉伸增大,材料易被撕裂,且裂纹离刃口稍

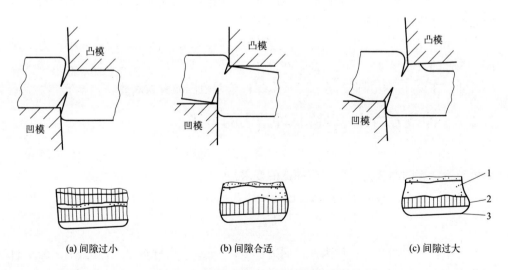

图 2-3 间隙大小对冲裁件断面质量的影响

1—断裂带;2—光亮带;3—圆角带

远，使光亮带所占比例减小，材料在凸、凹模刃口处产生的裂纹会错开一段距离而产生二次剪切，毛刺大而厚［如图2-3（c）］，难以去除，使冲裁件断面质量下降。

GB/T 16743—2010《冲裁间隙》根据冲压件剪切面质量、尺寸精度、模具寿命和力能消耗等因素，将冲裁间隙分成Ⅰ、Ⅱ、Ⅲ三种类型：Ⅰ类为小间隙，适用于尺寸精度和断面质量都要求较高的冲裁件，但模具寿命较低；Ⅱ类为中等间隙，适用于尺寸精度和断面质量要求一般的冲裁件，采用该间隙冲裁的工序件的残余应力较小，用于后续成形加工可减少破裂现象；Ⅲ类为大间隙，适用于尺寸精度和断面质量都要求不高的冲裁件，但模具寿命较高，应优先选用。

2.2.4　凸、凹模刃口尺寸的确定

模具刃口尺寸精度是影响冲裁件尺寸精度的首要因素。模具的合理间隙值也要靠模具刃口部分尺寸及其公差来保证。实践证明，由于存在着模具间隙，因而落下的料或冲出的孔都带有一定的锥度。落料件的大端尺寸接近于凹模刃口尺寸，冲孔件的小端尺寸接近于凸模刃口尺寸。因此，在设计和制造模具时，需遵循下述原则：

① 对于落料模，先确定凹模刃口尺寸，其尺寸应取接近或等于落料工件的下极限尺寸，以保证当凹模磨损到一定尺寸范围内时，也能冲出合格工件；凸模刃口的标称尺寸比凹模小一个最小合理间隙。

② 对于冲孔模，先确定凸模刃口尺寸，其尺寸应取接近或等于冲孔工件的上极限尺寸，以保证当凸模磨损到一定尺寸范围内时，也能冲出合格的孔；凹模刃口的标称尺寸应比凸模大一个最小合理间隙。

③ 由于在冲裁过程中，凹模尺寸会因磨损而增大，而凸模尺寸减小，为了保证冲裁件的尺寸精度和模具寿命，在设计落料模时凹模尺寸应取工件公差范围内较小尺寸，在设计冲孔模时凸模尺寸应取工件公差范围内较大尺寸。

2.2.5　冲裁力的计算及降低冲裁力的方法

冲裁模设计过程中，必须计算冲裁力，以合理地选用压力机。压力机的吨位必须大于所计算的冲裁力，以适应冲裁的要求。

平刃冲模的冲裁力 F 可按式（2-1）计算：

$$F=kLs\tau \tag{2-1}$$

式中，F 为冲裁力；L 为冲裁周边长度，mm；s 为材料厚度，mm；τ 为材料抗剪强度，MPa；k 为考虑到模具间隙的波动和不均匀性、材料力学性能的变化、材料厚度的偏差等因素给出的修正系数，一般取 1.3。

2.3 弯曲

把平板毛坯、型材或管材按照一定的曲率或角度进行变形,形成一定形状零件的冷冲压成形工序称为弯曲。常见的弯曲件如图 2-4 所示,以板料弯曲应用为最多。

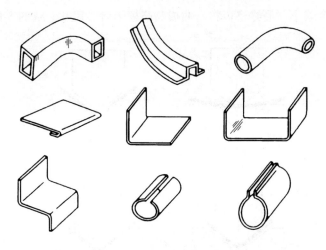

图 2-4 常见弯曲件

弯曲工序除了主要使用模具在普通压力机上进行外,还可使用其他专门的弯曲设备进行,如在折弯机上进行折弯、在拉弯设备上进行拉弯、在辊弯机上进行辊弯及辊压成形等,见图 2-5。

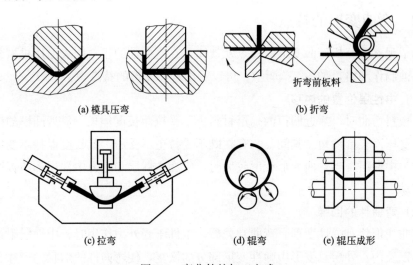

图 2-5 弯曲件的加工方式

2.3.1 弯曲变形过程分析

板料的 V 形与 U 形弯曲是最基本的弯曲变形。图 2-6 所示为 V 形件的弯曲变形过程。在弯曲的开始阶段，随着凸模进入凹模，支点距离和弯曲圆角半径 r 发生变化，使力臂和弯曲半径减小，同时外力和弯矩逐渐增大。当弯曲圆角半径达到一定值后，板料开始出现塑性变形，并且随着变形发展，塑性变形区的厚度增大，而弹性变形区厚度减小。最终将板料弯曲成与凸模形状、尺寸一致的零件。

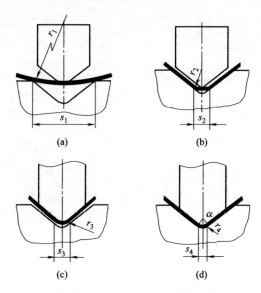

图 2-6　V 形件的弯曲变形过程

2.3.2 弯曲变形的特点

为了观察和分析弯曲变形的特点及规律，在弯曲前的板料侧表面用机械刻线或照相腐蚀制作网格，如图 2-7 所示。可以看出弯曲变形的特点为：

(1) 中性层位置的内移

当板料弯曲时，靠近凹模的外层材料由于受拉而长度伸长，靠近凸模的内层材料由于受压而长度缩短。其间，总存在既不受拉也不受压、其长度保持不变的材料层，称为中性层。当弯曲变形程度较大时，应变中性层和应力中性层都从板厚中央向内移动。

(2) 弯曲件的回弹

弯曲变形伴有弹性变形。弯曲卸载后，工件不受外力作用时，中性层附近的弹性变形以及内、外层总变形中弹性变形部分的恢复，使弯曲件的形状、尺寸与模具形状和尺寸不一致，这种现象称为弯曲回弹。

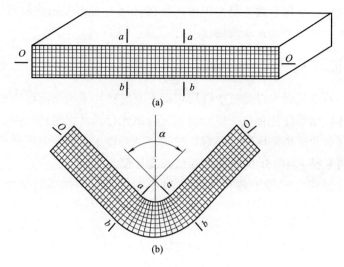

图 2-7　弯曲前后坐标网格的变化

回弹角度 $\Delta\alpha$ 与材料性能、弯曲角有关：材料强度越高，弯曲角 α 越大，回弹角度 $\Delta\alpha$ 越大。此外，在弯曲变形处压制加强筋、弯曲后施加一定的矫正压力都可减少回弹，提高产品精度。

(3) 变形区板厚的减小

当板料弯曲时，外层纤维受拉使厚度减薄，内层纤维受压使厚度增厚。实践证明，弯曲圆角半径 r 与板料厚度 t 比值不同，变形区板厚变化情况也不同。当 $r/t<4$ 时，中性层位置向内移，其结果是外层拉伸变薄区范围逐步扩大，内层压缩增厚区范围不断减小，从而使外层减薄量大于内层增厚量，变形区板料厚度变薄。r/t 值愈小，变形程度愈大，变薄现象愈严重。

(4) 变形区横截面的畸变

对于相对宽度 $b/t\leqslant 3$ 的窄板（b 为板料的宽度，t 为板料厚度），弯曲后原矩形断面变成了上宽下窄的扇形，如图 2-8（a）所示。对于相对宽度 $b/t>3$ 的宽板，

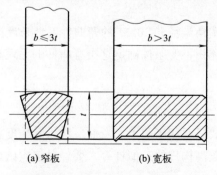

图 2-8　板料弯曲前后横断面形状（虚线部分表示弯曲前）

弯曲后横截面形状变化不大，仍为矩形，仅在端部可能出现翘曲和不平，如图 2-8 (b) 所示。生产中一般为宽板弯曲。

2.3.3 弯曲件毛坯尺寸的计算

弯曲件的毛坯长度可以通过中性层长度不变的特性或弯曲前后体积不变的原则进行计算。计算结果往往存在一定的误差。应该先行设计、制造弯曲模，用按照计算结果预先制备的试弯毛坯进行试弯，按试弯结果修正、确定毛坯的长度。

(1) 圆角半径 $r \geqslant 0.5t$ 的弯曲件毛坯长度计算

弯曲件的展开长度等于各直边部分和各弯曲部分中性层长度之和（如图 2-9），即：

$$L_z = L_1 + L_2 + \frac{\pi \alpha}{180°}\rho = L_1 + L_2 + \frac{\pi \alpha}{180°}(r + \chi t) \tag{2-2}$$

式中，L_z 为弯曲件毛坯长度，mm；L_1、L_2 为弯曲件直边部分长度，mm；α 为弯曲中心角；ρ 为曲率半径，mm；r 为弯曲件内圆角半径，mm；χ 为中性层偏移量系数；t 为弯曲件材料厚度，mm。弯曲件毛坯长度计算如图 2-9 所示。

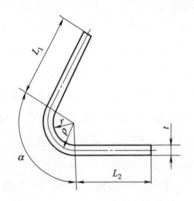

图 2-9　弯曲件毛坯长度计算示意图

(2) 无圆角半径或圆角半径 $r < 0.5t$ 的弯曲件毛坯长度计算

一般根据变形前的体积不变条件确定这类弯曲件的毛坯长度。一般按下式计算弯曲部分的长度：

$$L_{弯曲} = (0.4 \sim 0.8)t \tag{2-3}$$

需要说明的是本公式只适用于简单、弯曲次数少和精度要求一般的弯曲件。对于形状复杂、精度要求较高构件的近似计算，要经过多次试弯，才能最后确定合适的毛坯尺寸。

2.4 拉深

拉深又称拉延，是利用拉深模在压力机的压力作用下将平板坯料或空心工序件制成开口空心零件的加工方法。用拉深工艺可以制得具有筒形、阶梯形、球形、锥形、抛物面形等形状的旋转体零件，也可制成盒形件和其他不规则形状件等非旋转体零件，如图 2-10 所示。

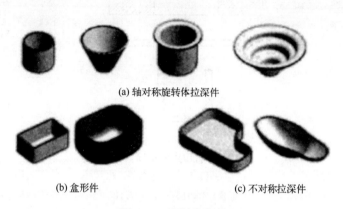

(a) 轴对称旋转体拉深件

(b) 盒形件　　　　　　　(c) 不对称拉深件

图 2-10　拉深件类型

圆筒形件是最典型的拉深件，本节将主要围绕它介绍拉深变形过程、拉深工艺计算等内容。

2.4.1　圆筒形件的拉深变形过程

拉深开始时，凸模对毛坯中心部分施加压力，使板料产生弯曲；随着凸模下降，凸缘材料发生塑性变形，并不断地拉入凸、凹模间的间隙中形成直壁，处于凸模下面的材料则成为拉深件的底；当板料全部进入凸、凹模间的间隙时拉深过程结束，形成筒形零件（图 2-11）。

拉深模的结构相对较简单。与冲裁模比较，拉深凸、凹模的工作部分不应有锋利的刃口，而应有较大的圆角，表面质量要求高，凸、凹模间的单边间隙略大于板料厚度。

在变形过程中周边部分受切向压应力，使板厚略有增加；径向受拉应力，使板料连续拉入凹模形成筒壁。凹模圆角处材料除发生径向拉深外，同时有塑性弯曲，减薄最严重。凸模下板料形成的筒底，为传力区，厚度基本不变。

2.4.2　拉深件的拉裂与起皱

拉深过程中的质量问题主要是筒壁传力区的拉裂和凸缘变形区的起皱（如图 2-11）。

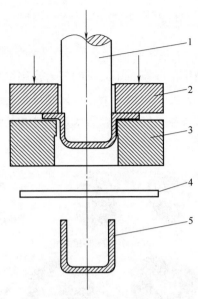

图 2-11 有压边圈圆筒件的拉深

1—凸模；2—压边圈；3—凹模；4—坯料；5—拉深件

(1) 拉裂

拉深过程中，最薄弱部位是直壁与底部的过渡圆角处，若此处径向拉应力大于板料的抗拉强度，拉深件就会破裂［图 2-12（a）］。除此之外，压边力太大和凸缘起皱均会导致拉深零件断裂。

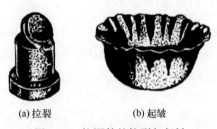

(a) 拉裂　　　　(b) 起皱

图 2-12 拉深件的拉裂与起皱

防止拉裂，一方面要通过改善材料的力学性能，提高筒壁抗拉强度；另一方面是通过正确制定拉深工艺和设计模具，合理确定拉深变形程度、凹模圆角半径，合理改善润滑条件等，以降低筒壁传力区中的拉应力。

(2) 起皱

起皱是指在拉深过程中毛坯边缘形成沿切向高低不平的皱纹。拱起的皱褶很难通过凸、凹模间隙被拉入凹模，如果强行拉入，则拉应力迅速增大，容易使毛坯受过大的拉力而导致破裂报废；即使模具间隙较大，或者起皱不严重，拱起的皱褶能勉强被拉进凹模内形成筒壁，皱褶也会留在工件的侧壁上，从而影响零件的表面质量。起皱后的材料在通过模具间隙时与模具间的压力增加，导致与模具间的摩擦加剧，磨损严重，使得模具的寿命大为降低。

起皱缺陷可采用设置压边圈的方法来防止（如图 2-11），也可通过增大毛坯的相对厚度或拉深系数的途径来防止。

2.4.3 圆筒形件拉深工艺计算

圆筒形件拉深工艺计算项目主要包括毛坯尺寸、拉深系数、拉深次数等。圆筒形件是最典型的拉深件，其他零件的工艺计算可参考它进行。

(1) 毛坯尺寸

拉深毛坯尺寸应按体积不变原则和相似原则确定。体积不变原则为：若拉深前后坯料厚度不变，拉深前坯料表面积与拉深后冲件表面积近似相等，因此拉深前后毛坯体积不变，从而得到坯料尺寸。相似原则为：拉深前坯料的形状与冲件断面形状相似。

① 确定修边余量 δ。拉深件口部或凸缘周边不整齐，特别是经过多次拉深后的制件，其口部或凸缘不整齐的现象更为显著，因此必须增加制件的高度或凸缘的直径，以便于拉深后修齐，增加的部分即为修边余量 δ，如图 2-13 所示。圆筒形件的修边余量 δ 或 Δh 按表 2-3 确定。

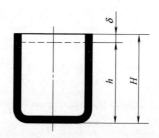

图 2-13 拉深件毛坯尺寸计算的修边余量

表 2-3 圆筒形件拉深的修边余量　　　　　　单位：mm

零件高度	修边余量 Δh	零件高度	修边余量 Δh
10～<50	1～4	100～<200	3～10
50～<100	2～6	200～300	5～12

② 计算毛坯尺寸。对于简单几何形状的拉深件，求其毛坯尺寸时，一般先将拉深件划分为若干个简单的便于计算的几何体（如图 2-14），分别求出简单几何体的表面积再相加，求出工件的总表面积。由于旋转体拉深件的毛坯为圆形，根据表面积相等原则，可算出毛坯直径 D。

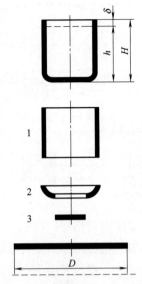

图 2-14 将拉深件划分为若干几何体
1—筒身；2—圆角部分；3—底部平板

$$D=\sqrt{d_0^2+4d(h+\delta)+2\pi d_0+8r^2} \tag{2-4}$$

式中，d_0 为底部平板部分的直径，mm；d 为拉深件顶部开口中径，mm；r 为工件中线在圆角处的圆角半径，mm。

(2) 拉深系数

当拉深件由板料拉深成工件时，一次拉深往往不能够使板料达到工件所需要的尺寸和形状，否则工件就会因为变形太大而产生拉裂或起皱。只有经过多次拉深，每次拉深变形都在允许范围内，才能制成合格的工件。因此，在制定拉深件的工艺过程和设计拉深模时，必须首先确定所需要的拉深次数。

拉深系数 m 是指拉深后圆筒形件的直径与拉深前毛坯（或半成品）的直径之比，即圆筒形件首次拉深系数 $m_1=d_1/D$，第 n 次拉深系数为 $m_n=d_n/d_{n-1}$，其中 d_1、d_{n-1}、d_n 分别为第 1 次、第 $n-1$ 次、第 n 次拉深后的圆筒直径（单位：mm），如图 2-15 所示。

拉深系数 m 越小，拉深件直径越小，则拉深变形程度愈大，板料被拉入凹模越困难，因此越容易产生拉裂。一般拉深系数为 0.5～0.8，对于塑性差的板料取上限值，对于塑性好的板料取下限值。

(3) 拉深次数

计算拉深次数 n 的方法有多种，生产上经常用推算法辅以查表法进行计算。推算法就是把毛坯直径或中间工序毛坯尺寸依次乘以查出的极限拉深系数 m_1，m_2，…，m_n，得各次拉深半成品的直径，直到计算出的直径 d_n 小于或等于工件

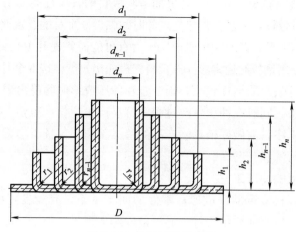

图 2-15 拉深工序示意图

直径 d 为止。生产实际中常采用查表法,即根据零件的相对高度 h/d 和毛坯相对厚度 D,查得拉深次数。

在多次拉深过程中,必然会产生加工硬化现象。进行一两次拉深后,应安排工序间的退火处理。在多次拉深中,拉深系数应依次增大,确保拉深件品质,并保证生产顺利进行。

2.5 冲压工艺在新能源领域的应用

2.5.1 新能源汽车车身轻量化

汽车工业中有大量的金属零件必须通过塑性加工来生产,冲压加工是金属塑性成形最基础、最常用、最重要的制造方式之一。冲压件常用在汽车车身的外覆盖件及加强结构,均可由冲压成形得到。这些冲压件通过焊接等连接工艺形成车身本体。

由于汽车轻量化发展已成趋势,因此汽车市场对精密汽车冲压件的需求不断增加。为提高电动汽车动力电池续航里程,对车身轻量化要求更高,汽车冲压件市场竞争日益激烈。为解决汽车轻量化问题,新型定制材料、超高强度板、复合型铝合金和镁合金将大规模应用于车身各个部位。

(1) 铝合金板的冲压工艺

汽车用铝合金板(简称铝板)具有出色的冲压性能,在碰撞中也表现出较高强度。铝板耐蚀性强的特点也让它在汽车结构件和外覆盖件中得到了广泛的使用。

铝板料充分成形至形状、尺寸固定的零件的过程中,一般的工序分为拉延(拉深)、修边、冲孔、翻边、整形;如果有特殊的工艺需求,也有压铆等工艺。区别于钢板，对铝板进行拉延（拉深）时更加考验板料的各项性能。用于外板件的 6 系铝板具备很强的时效性，一旦铝板热处理的时间临近 6 个月的有效期，其屈服、抗拉性能都会发生剧烈上升，此时冲压机液压压力有可能需要提升 100% 以上，才可使板料成形完全。在使用铝板时通常应注意板料先进先出，严格按 6 个月有效期消耗。

与相同或相近强度的钢板相比，铝合金在冲压成形时容易出现开裂、起皱、拉深不足和回弹现象，同时在冲压生产过程中容易产生顶伤、压伤、刮伤等现象。对于每一步的冲压工序，需做好模具、产品的清洁工作，保证干净无杂物。冲孔和切边的刀口需定期清洗和光磨。

(2) 镁合金板的冲压工艺

采用镁合金板材进行冲压成形，零件的回弹量小，有着良好的贴膜性和定形性，成形出的覆盖件表面质量较好。通过精确的成形尺寸控制，能有效实现镁合金覆盖件的精密成形。镁合金板材冲压产品有着更高的力学性能、更高的生产效率和更精确的形状尺寸等优势，得到了越来越广泛的应用。

镁合金在常温加工过程中存在着诸多问题，如易开裂、难成形等，传统加工方式对其制造受限，这些问题制约了其在工业领域的应用。

目前镁合金的冲压主要采用热冲压成形技术，该技术是利用金属塑性成形的原理将板料加热至一定温度（奥氏体状态），然后进行冲压处理，在冲压成形过程中实现板料淬火处理，最后获得具有超高强度的零件（力学性能好于压铸件）。热冲压成形技术具有零件尺寸精度高、零件成形性能好、车身结构设计简单和零件表面硬度及耐磨性高等优点。热冲压的温度对镁合金冲压件质量影响较大，一般温度范围在 200~400℃ 之间。图 2-16 为德国大众公司采用温热冲压成形技术开发的镁合金发动机罩总成，相比于钢件发动机罩总成，减重比例达到 50%。

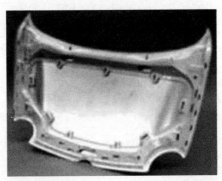

图 2-16　大众 Lupo 镁合金发动机罩总成

2.5.2　新能源汽车电池壳的冲压工艺

动力电池组是新能源汽车的核心部件，质量最大的是电芯本体，其次是电池包壳体（箱体）。目前，在电池包壳体方面开发应用的主要轻量化材料有高强钢、铝合金、片状模塑料（sheet molding compound，SMC）和碳纤维复合材料等。电池包壳体由下壳体和上盖组成。

早期下壳体主要由低碳钢或高强钢冲压成形后拼焊而成，这主要是由于钢制外壳具有较高物理稳定性和抗压力性能。钢制外壳是薄壁空心筒形件，所要求的变形程度已大于所用材料一次成形所允许的变形极限，钢壳需经多步拉深冲压成深筒形，成形中易受到加工参数的影响，出现开裂、起皱等缺陷，影响电池壳的成形质量，生产难度很大。

目前，下壳体材料基本为铝合金，较钢制下壳体能减重 30% 以上。铝合金下壳体采用的工艺主要有挤出铝型材搅拌摩擦成形、冲压铝板焊接（铝弧焊或点焊）和整体铸造。采用冲压铝板焊接工艺的电池包壳体对应车型主要有宝马 i3（图 2-17）、特斯拉 Model S（图 2-18）等。

图 2-17　宝马 i3 电池包壳体

图 2-18　特斯拉 Model S 电池包壳体

宝马 i3 电池包壳体由 4mm 厚的铝板冲压而成，长度方向布置有加强筋，在底板周边均匀布置有冲压凸台与车身下车体连接，底板周边一圈是挤出型材，通过 CMT 冷金属过渡连续弧焊的方式与底板连接，型材上表面布置有与上盖连接的安装孔，上盖采用的是 0.8mm 厚的冲压成形的低碳钢板。此种形式结构简单，轻量化效果好。

复习思考题

① 冲裁断面三个特征区是什么？间隙大小对冲裁件断面质量有哪些影响？
② 在设计和制造冲裁凸、凹模时，需遵循哪些原则？
③ 什么是弯曲件的回弹？有哪些决定因素？
④ 拉深过程中常出现的质量问题有哪些？如何防止？
⑤ 为什么新能源汽车铝合金板冲压工艺需要注意时效性？

第3章 焊 接

焊接的实质是通过加热或加压,或同时加热加压,使被焊材料产生原子(或分子)间的相互结合与扩散,从而达到牢固连接的目的。目前焊接方法有数十种,按其焊接过程的特点可分为三大类:熔化焊接、压力焊接和钎焊。焊接具有下述特点:

① 焊接可以较方便地将各种不同形状与厚度的钢材(或其他金属材料)连接起来,也可实现不同材料间的连接成形。

② 焊接连接是一种金属原子间的连接,刚度大,整体性好,在外力作用下不像机械连接那样因间隙变化而产生较大的变形。同时,焊接连接容易保证产品的气密性与水密性。

③ 焊接连接工艺特别适用于几何尺寸大而材料较分散的制品,例如船壳、桁架等;焊接还可以将大型、复杂的结构分解为许多小零件或部件分别加工,然后通过焊接连成整个结构,从而扩大了工作面,简化了结构的加工工艺,缩短了加工周期。

④ 焊接结构中各零件间可直接用焊接连接,不需要附加的连接件,同时焊接接头的强度一般可与母材相等。因而,焊接可使产品重量减轻,生产成本也明显降低。

3.1 熔化焊接

熔化焊接是使被连接的构件表面局部加热熔化成液体,然后冷却结晶成一体的焊接方法。为了实现熔化焊接,关键是要有一个能量集中、温度足够高的加热热源。按热源形式,熔化焊接可分为:气焊、铝热焊、电弧焊、电渣焊、电子束焊、激光焊等若干种。

3.1.1 埋弧自动焊

埋弧焊是电弧埋在颗粒状焊剂层底下燃烧的焊接方法。埋弧焊分埋弧自动焊和埋弧半自动焊两种。埋弧自动焊即送丝、移动电弧都由机械装置自动完成,应用很普遍。埋弧半自动焊的送丝由机械装置自动完成,但移动电弧靠手工操作,目前已很少应用。

埋弧自动焊是焊接生产中应用最广泛的工艺方法之一,由于焊接熔深大、生产效率高、机械化程度高,因而特别适用于中厚板长焊缝的焊接,在压力容器、化工设备、桥梁、工程机械、冶金机械及核电设备等的制造中都是主要的焊接生产手段。

(1) 埋弧自动焊的过程

埋弧自动焊的过程如图3-1所示。焊接时,焊剂由漏斗铺撒在焊件待焊处,送丝机构将焊丝经导电嘴送到焊剂层下,电弧在焊丝和工件之间引燃以后,电弧热量将焊丝端部及电弧附近的母材熔化形成熔池,也使周围的焊剂熔化、蒸发,形成熔渣和焊剂蒸气腔,使电弧和熔池与外界空气隔绝。随着电弧的燃烧,焊丝自动送进,并且电弧自动朝前移动,随后熔化金属冷却凝固形成焊缝。密度小的熔渣浮在焊缝表面形成渣壳。未熔化的焊剂可用焊剂回收装置自动回收。

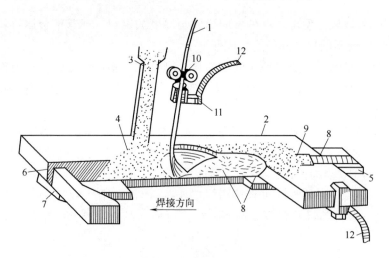

图 3-1 埋弧自动焊的过程

1—焊丝;2—工件;3—焊剂漏斗;4—焊剂;5—引弧板;6—V形坡口;7—铜垫或焊剂垫;8—焊缝;9—渣壳;10—送丝轮;11—导电嘴;12—电缆

(2) 埋弧自动焊的优缺点

与手工焊条电弧焊(手弧焊)相比,埋弧自动焊有如下优点:

① 生产效率高。埋弧自动焊时,一方面焊丝导电长度短,可以采用大的电流和电流密度,使电弧的熔深能力和焊丝熔敷效率大大提高,一般不开坡口单面一次焊熔深可达20mm;另一方面,由于焊剂和熔渣的隔热作用,电弧的热辐射散失极小,几乎没有飞溅。其生产率比手弧焊高数倍。

② 焊缝质量高。埋弧自动焊时，熔渣能有效隔绝外界空气，保护效果好。埋弧自动焊时，熔池体积大，液态金属停留时间长，加强了液态金属与熔渣之间的相互作用，使冶金反应充分，气体、熔渣易于逸出。埋弧自动焊时，焊接参数可通过自动调节而保持稳定，使焊缝金属的化学成分均匀、稳定，从而获得良好的力学性能。

③ 劳动条件好。埋弧自动焊减轻了手工操作的劳动强度，且没有弧光辐射，这是埋弧自动焊的独特优点。

④ 节约金属及电能。电弧在焊剂层下热量集中，且电流大、熔深大，较厚（但不超过 20mm）的焊件可不开坡口直接焊透，既省电又省料。同时埋弧自动焊没有焊条头的损失。

但是，埋弧自动焊也有缺点，主要有：

① 焊接适用的位置受到限制。由于采用颗粒状的焊剂进行焊接，因此一般只适用于平焊位置（俯位）的焊接，如平焊位置的对接接头、平焊位置和横焊位置的角接接头以及平焊位置的堆焊等。对于其他位置，则需要采用特殊的装置以保证焊剂对焊缝区的覆盖。

② 只适合长而规则焊缝的焊接。这是由于埋弧自动焊设备复杂、机动灵活性差，焊接短焊缝时显示不出生产效率高的优点。

③ 埋弧自动焊焊剂的成分主要是 MnO 等金属氧化物及非金属氧化物，所以难以用来焊接铝、钛等氧化性强的金属及其合金。

④ 不适于太薄件（如厚 3mm 以下工件）、短小或弯曲焊缝的焊接。

(3) 埋弧自动焊的应用

埋弧自动焊主要用于平焊位的长直焊缝和大环焊缝（$\phi 300$ mm 以上）的焊接。可焊接的钢种包括碳素结构钢、低合金结构钢、不锈钢、耐热钢及其复合钢材等。

3.1.2 氩弧焊

氩弧焊技术是在普通电弧焊原理的基础上，利用氩气对金属焊材进行保护，通过高电流使焊材在被焊基材上融化成液态，形成熔池，使被焊金属和焊材达到冶金结合的一种焊接技术。由于在高温熔融焊接中不断送上氩气，使焊材不能和空气中的氧气接触，从而防止了焊材的氧化，因此可以焊接铜、铝、合金钢等。

氩弧焊按所用电极是否熔化，可分为不熔化极（钨极）氩弧焊和熔化极氩弧焊。不熔化极氩弧焊的不熔化极通常是钨极，所以也称为钨极氩弧焊。

(1) 焊接过程

如图 3-2 所示，利用特制的焊炬，使氩气从焊炬端部喷嘴中排出，电弧在氩气保护下燃烧。熔化极氩弧焊的焊丝经送丝机构从喷嘴中心位置送出，见图 3-2 (a)。钨极氩弧焊则采用钨合金棒作电极，并固定于喷嘴中心位置，见图 3-2 (b)。氩弧

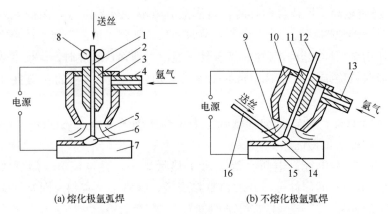

(a) 熔化极氩弧焊　　　　　　(b) 不熔化极氩弧焊

图 3-2　氩弧焊示意图

1,16—焊丝；2,11—导电嘴；3,10—喷嘴；4,13—进气管；5,9—气流；
6,14—电弧；7,15—焊件；8—送丝轮；12—钨棒

焊的电弧引燃后稳定性好，可进行手工操作和机械操作。

(2) 氩弧焊的优点

① 氩弧焊的电弧直径小，能量集中且电弧稳定，因此焊接过程易控制，焊接变形小。

② 采用明弧操作，无熔渣，易观察焊缝成形，气体保护效果较好，可实现全位置焊接。

③ 惰性气体保护使氩弧焊适合于各类金属材料的焊接，尤其是易氧化的非铁合金的焊接，以及锆、钼等稀有金属的焊接。

(3) 氩弧焊的不足之处

① 氩气成本较高（为 CO_2 气的 5 倍），氩弧焊设备也较复杂，所以氩弧焊成本高。

② 保护气流易受环境因素干扰，只宜在室内作业。

③ 氩气没有脱氧除氢作用，焊前清理要求严格。

(4) 氩弧焊的应用

氩弧焊主要用于焊接铝、镁、钛及其合金，以及不锈钢、耐热钢和高强钢等特殊材料。

3.1.3　CO_2 气体保护焊

CO_2 气体保护焊是以不活泼的 CO_2 作为保护气体的气体保护焊方法，简称 CO_2 焊。

(1) 焊接过程

图 3-3 为 CO_2 气体保护焊示意图。CO_2 气体保护焊的焊炬是特殊制造的，焊

丝由送丝机构驱动，经焊炬导电嘴送出。CO_2 气体以一定流量从焊炬端部喷出，排开空气，对电弧和焊接位置形成保护。在 CO_2 气体中燃烧的电弧具有氧化性，焊接过程中会产生合金元素的烧损、飞溅和气孔等问题。

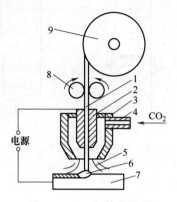

图 3-3　CO_2 气体保护焊

1—焊丝；2—导电嘴；3—喷嘴；4—进气管；5—气流；
6—电弧；7—焊件；8—送丝轮；9—焊丝盘

(2) CO_2 气体保护焊的优缺点和应用

CO_2 焊的优点是：CO_2 气体来源广，价格低廉，所以 CO_2 焊的成本低，只有埋弧焊和手弧焊的 40%～50%，而生产率却比手弧焊高 1～3 倍；CO_2 气体中电弧穿透力强，生产率高，接头抗裂性好。

CO_2 焊的缺点是：焊接过程中产生飞溅，飞溅的金属不但使焊缝成形较差，而且容易堵塞喷嘴，破坏保护气流，使焊缝产生气孔；也可能引起送丝不畅，电弧燃烧不稳定，使焊缝质量降低。

CO_2 焊主要用于焊接板厚 0.8～4mm 的低碳钢和低合金结构钢，不宜焊接有色金属和高合金钢。

3.1.4　电渣焊

电渣焊是利用电流通过熔渣所产生的电阻热进行焊接的方法。

(1) 焊接过程

电渣焊的焊接过程可分为引弧造渣阶段、正常电渣焊接阶段和引出阶段。如图 3-4 所示，开始电渣焊时在电极（焊丝）5 和起焊槽 13 之间引燃电弧，将不断加入的固体焊剂熔化，形成液体渣池 3；当渣池达到一定深度后，电弧熄灭，转入电渣焊接阶段；当电渣焊接阶段稳定后，焊接电流通过渣池产生的热使渣池温度达 1700～2000℃，渣池将焊丝 5 和工件熔化形成熔池 2；随着焊丝不断向渣池送进，金属熔池和其上的渣池逐渐上升，金属熔池下部远离热源的液体金属逐渐凝固形成

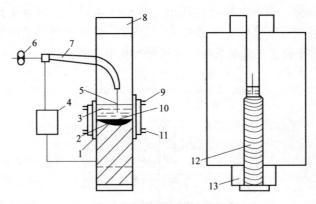

图 3-4 电渣焊过程示意图

1—水冷成形滑块；2—金属熔池；3—渣池；4—焊接电源；5—焊丝；6—送丝轮；7—导电杆；
8—引出板；9—出水管；10—金属熔池；11—进水管；12—焊缝；13—起焊槽

焊缝 12。在工件上部装有引出板 8，以便将渣池和易产生缩孔等缺陷的那部分焊缝金属引出工件，焊后将引出部分割除。

(2) 电渣焊的特点和应用

电渣焊在焊接厚件时不需要开坡口，留 25~35mm 间隙一次焊成，生产率高，节约金属与工时。焊缝金属纯净，熔池保护严密，停留时间长，自下而上结晶，不易产生气孔、夹渣等。焊缝和热影响区易产生晶粒粗大和过热组织，接头冲击韧性低，一般焊后应进行正火或回火处理。

电渣焊只能立焊，工件厚度不宜小于 30mm。电渣焊适用于制造 40~450mm 厚锻-焊件、铸-焊件，可焊碳钢、低合金钢、高合金钢、有色金属等。

3.2 压力焊接

利用摩擦、扩散和加压等物理作用克服两个连接表面的不平问题，挤走表面氧化膜及其他污染物，使两个连接表面上的原子相互接近到晶格距离，从而在固态条件下实现的连接，统称为固相焊接。固相焊接时通常必须加压，因此，这类加压的焊接方法通常也称为压力焊接。

按加热方法不同，压力焊接分为：冷压焊（不采取加热措施的压力焊）、摩擦焊、超声波焊、爆炸焊、锻焊、扩散焊、电阻对焊、闪光对焊等。

3.2.1 电阻焊

电阻焊是将工件压紧于两电极之间，并通以电流，利用电流通过焊件接触处产生的电阻热将该处加热到塑性或局部熔化状态，同时通过电极施加压力进行焊接。

电阻焊可分为点焊、缝焊和对焊。

电阻焊由于不需填充金属和焊剂,因此易于实现机械化、自动化;可焊异种金属;工作电压很低,没有弧光和有害辐射等。但设备较复杂,耗电量大,适用的接头形式与可焊工件的厚度(或断面)受到限制。

(1) 点焊

点焊是利用柱状电极加压通电,在搭接工件接触面之间焊成一个个焊点的焊接方法。

点焊过程(如图3-5所示)包括:预压→通电→断电维持→休止。点焊时,将焊件接头处清理干净,并将焊件装配成搭接接头,压紧在两圆柱形电极之间,然后接通电流。因为两工件接触处电阻较大,电阻热使该处温度迅速升高,金属熔化,形成液态熔核。断电后继续保持或加大压力,使熔核在压力下凝固结晶,形成组织致密的焊点。焊接第二点时,有一部分电流会流经已焊好的焊点,称为点焊分流现象。为防止点焊时产生分流现象,焊点之间要有一定的距离。

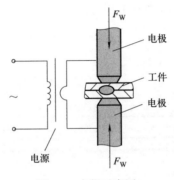

图 3-5 点焊示意图

点焊的熔核封闭性好,焊点强度高,表面光滑,工件变形小。点焊主要适用于焊接厚度小于3mm的冲压、轧制且不要求气密性的薄板结构件,如汽车的外壳,机车、客车车门等低碳钢的轻型结构。

(2) 缝焊

缝焊的电极是一对旋转的圆盘,边焊边滚,相邻两个焊点部分重合,形成一条密封性的连续焊缝,如图3-6所示。焊接电流一般比点焊增加15%~40%。缝焊采用搭接接头,表面光滑平整,有较高强度和气密性,用于焊接有气密性要求的、厚度小于3mm的薄壁容器,如汽车的油箱。

(3) 对焊

对焊是利用电阻热使两个工件在整个接触面上焊接起来的一种方法。有电阻对焊和闪光对焊两种。

① 电阻对焊:将焊件夹紧在两钳形电极之间,其端面紧密接触,然后通电,

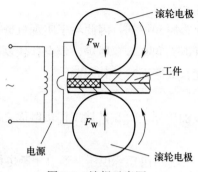

图 3-6 缝焊示意图

电流通过工件和接触端面产生电阻热,将工件接触处迅速加热至塑性状态,然后迅速施加顶锻压力,断电完成焊接,如图 3-7(a)所示。电阻对焊接头处无熔化,只有塑性变形,外观光滑。工件端面要求平整清洁,接头力学性能较低。电阻对焊用于端面简单、截面积小、强度要求不高的碳钢、纯铝等杆件对接,直径(或边长)<20mm 和强度要求不高的工件焊接。

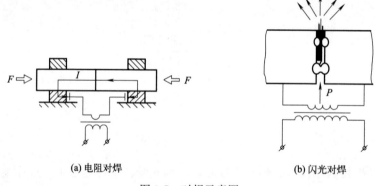

(a) 电阻对焊　　(b) 闪光对焊

图 3-7 对焊示意图

② 闪光对焊:将焊件装配夹紧在两钳形电极之间,接通电源,使其端面逐渐移近并接触;因工件表面在微观上是凹凸不平的,总是某些点先接触,强电流从这些接触点通过时这些点被迅速熔化形成液体过梁;强大电流继续加热时,液态金属发生爆破和蒸发,以火花形式飞出,形成闪光,此时工件继续移近,保持一定的闪光时间;待工件端面全部加热熔化时,迅速对焊件加压,并切断电流,焊件即在压力下产生塑性变形而焊在一起,如图 3-7(b)所示。

闪光对焊过程中接头的氧化物及杂质随闪光火花带出,因此接头中夹渣较少,质量好,强度高。但闪光火花污染环境,接头处有毛刺,需要加工清理。

闪光对焊用于重要工件对接,材料、尺寸适用范围广,可以是直径很小的金属丝,也可以是截面很大的金属棒或金属型材。

3.2.2 摩擦焊

摩擦焊是利用焊件接触端面相互摩擦所产生的热,使端面达到热塑性状态,然后迅速施加顶锻力来实现焊接的一种固相压焊方法,如图 3-8 所示。

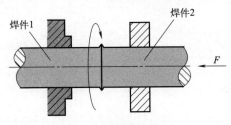

图 3-8 摩擦焊示意图

摩擦焊的优点:

① 摩擦焊过程中,焊件接触表面的氧化膜与杂质被清除,因此接头组织致密,不易产生气孔、夹渣等缺陷,因此焊件质量稳定,尺寸精度高,废品率低于电阻对焊和闪光对焊。

② 焊接生产率高,通常摩擦焊全过程只要几秒,生产率比闪光对焊高 5~6 倍。

③ 可焊接异种金属:可焊接的金属范围广,不仅可焊同种金属,也可焊异种金属,如碳素钢、低合金钢与不锈钢、高速钢之间的焊接,铜-不锈钢、铜-铝、铝-钢、钢-锆等之间的焊接。但摩擦焊只适宜用于圆截面工件(两待焊工件至少有一个为圆截面工件或管状工件)的焊接,且受摩擦焊机功率和压力的限制,目前最大的焊接断面为 $200 cm^2$。

④ 生产费用低:不需填充材料和保护气体,因此在大批生产时,成本比电弧焊低;且摩擦焊机电能消耗比闪光对焊少。

⑤ 易实现机械化和自动化,操作简单,工作条件好。

3.3 钎焊

钎焊是采用比母材熔点低的金属材料作钎料,将焊件和钎料加热,只将钎料熔化而焊件不熔化,利用液态钎料填充间隙、浸润母材并与母材相互扩散以实现连接的方法。

钎焊时不仅需要一定性能的钎料,一般还要使用钎剂。钎剂是钎焊时使用的熔剂,其作用是去除钎料和母材表面的氧化物和油污,防止焊件和液态钎料在钎焊过程中的氧化,改善熔融钎料对焊件的润湿性。

钎焊过程如图 3-9 所示,分为钎料的浸润、铺展和连接三个阶段,最终钎料与

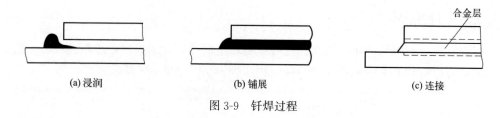

图 3-9　钎焊过程

焊件间相互扩散，形成合金层。

3.3.1　钎焊的分类

根据所用钎料熔点的不同，可将钎焊分为硬钎焊和软钎焊两大类。

① 硬钎焊：钎料熔点高于 450℃ 的钎焊称为硬钎焊。常用的硬钎料有铜基、银基、铝基合金。硬钎焊钎剂主要有硼砂、硼酸、氟化物、氯化物等。

硬钎焊接头强度较高，大于 200MPa，工作温度也较高。硬钎焊主要用于受力较大的钢铁及铜合金构件的焊接。

② 软钎焊：钎料熔点低于 450℃ 的钎焊称为软钎焊。常用的软钎料有锡-铅合金和锌-铝合金。软钎焊钎剂主要有松香、氯化锌溶液等。加热方式一般为烙铁加热。

软钎焊接头强度低，一般在 70MPa 以下，工作温度在 100℃ 以下。软钎焊钎料熔点低，渗入接头间隙能力较强，具有较好的焊接工艺性能。最常使用的锡-铅钎料焊接俗称锡焊，焊接接头具有良好的导电性。软钎焊广泛应用于受力不大的电子电气元件、仪表等工业部件。

3.3.2　钎焊的特点及应用

钎焊的特点：

① 钎焊工件加热温度低，组织和性能变化小，焊接变形小。

② 接头光滑平整，焊件尺寸精确。

③ 可以焊接异种材料和一些其他方法难以焊接的特殊结构（如蜂窝结构等）。

④ 钎焊可以整体加热，一次焊成整个结构的全部焊缝，生产效率高。

⑤ 所用设备简单，易于实现机械化和自动化。

⑥ 钎焊接头强度低，不耐高温，不适于焊接大型构件。

应用：机械和电子工业产品，如硬质合金刀具、钻探钻头、自行车车架、换热器、导管及各类容器等；对于微波波导元件、电子管等器件，甚至是唯一的连接方法。

3.4 焊接在新能源领域的应用

（1）铝合金的焊接

铝合金集密度低、比强度高、耐蚀性好、导热/导电性佳、价格低、易加工、易再生等优势于一体，已成为实现汽车轻量化最理想的材料。新能源汽车在底盘、车顶、侧墙上的拼接型材均大量采用铝合金材料。

① 白车身焊接。白车身轻量化材料主要包括高强度钢、铝合金、镁合金、复合材料等，多种材质的应用意味着车身连接方式需要进行改进和优化。奥迪 A8 车身的连接方式达到了 14 种，其中包括 MIG（熔化极惰性气体保护电弧焊）、远程激光焊等 8 种热连接技术，和冲铆连接、卷边连接等 6 种冷连接技术，如图 3-10 所示。

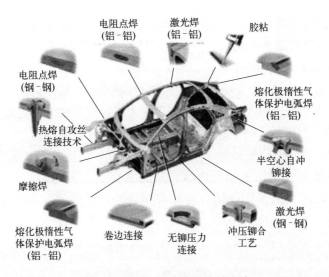

图 3-10 奥迪 A8 车身的连接方式

② 电极带式电阻点焊。电极带式电阻点焊技术通过对电极进行改造，在工件和电极之间加入电极带；焊接时，将被焊工件放入两电极间并压紧，同时通大电流，在接头接触处和邻近的区域产生电阻热，从而形成焊点。在一个焊点完成后，电极带自动转动完成更新，解决了铝合金焊接时电极被污染的难题。其具有焊接速度快、生产效率高、生产成本低等优点，广泛应用于新能源汽车铝合金车门的点焊。

③ 搅拌摩擦焊（FSW）：通过搅拌头的高速旋转，使焊接工件产生摩擦热和形变热，从而使连接部位的材料温度升高、软化，同时对材料进行搅拌摩擦来完成焊接。其焊缝没有凝固组织。由于 FSW 具有焊接接头无裂纹、夹渣、气孔等缺陷，

焊接变形小、焊接强度高、焊缝密封性好和连接成本低等特点，因此在发动机、铝合金电池包下壳体、底盘支架、车门预成形件及车体框架中，搅拌摩擦焊技术有着较为广泛的应用。图 3-11 所示为铝合金电池包下壳体 FSW 焊缝。

图 3-11　铝合金电池包下壳体 FSW 焊缝

搅拌摩擦焊经过近 30 年的发展，在厚铝合金板材焊接方面有了重大突破，已经可以高效率、高质量地焊接 1.2～6mm 厚的铝合金板材。

(2) 太阳能电池组件的钎焊

单片太阳能电池在太阳光照射下产生的电压较小，一般不能满足使用要求。例如，常见的尺寸为 125mm×125mm 的多晶硅太阳能电池的开路电压仅为 0.5V 左右。因此在实际使用前，一般会采用软钎焊的方法，利用被称为"焊带"的电极引线将单个的太阳能电池片连接组成太阳能电池组件，也就是将若干太阳能电池的正极和负极串联形成通路来传导电流，从而获得更大的电压，如图 3-12 所示。焊带多采用铜焊带，铜基体被锡合金涂层包裹着，其长度大约为电池片边长的 2 倍。

图 3-12　串联焊接示意图

太阳能电池的焊接方式，根据人员和设备的不同可以分为手工焊接与自动焊接。目前，手工焊接的方法采用较多。手工焊接是指操作者用电烙铁分别将焊带焊至太阳能电池片的正负极。其中，单面焊接（即"单焊"）是将焊带连接至太阳能电池片的正面电极（负极）；串联焊接（即"串焊"）是将前一片电池的负极与后一片电池的正极相连，具体操作中可以将完成单焊的电池片放入简易工装的凹槽中，使用电烙铁将前一电池片正面的银电极连接到后一电池片背面的银电极上。

复习思考题

① 埋弧自动焊有哪些优缺点？适用范围如何？
② CO_2 气体保护焊有哪些优缺点？适用范围如何？
③ 电渣焊的适用范围如何？
④ 点焊有哪些优缺点？并描述点焊工艺过程。
⑤ 太阳能电池组件应用哪种焊接方法？

第4章 粉末冶金

4.1 粉末冶金概述

(1) 粉末冶金的概念及优缺点

粉末冶金是一种以金属粉末或金属与非金属粉末的混合物为原料,经过成形和烧结而制取金属材料、复合材料及其制品的工艺,又被称为金属陶瓷法。它既是制取金属材料的一种冶金方法,又是制造机器零件的一种加工方法。

与熔炼方法相比,粉末冶金具有下列优点:

① 制取多组元、无偏析的金属材料、复合材料。粉末冶金采用粉末混合方法,可使成分均匀,烧结时温度低于熔炼温度,基体金属不熔化,因此不会出现密度偏析和低熔点组元大量挥发等问题,能获得无偏析的多组元材料和颗粒或纤维强化复合材料。

② 可制取多孔材料。粉末冶金没有熔炼过程,粉末颗粒间有孔隙存在,并且分布均匀。只要控制粉末的粒度、成形压力和烧结工艺,就可控制孔隙的大小及材料的孔隙度,从而制得各种多孔材料。多孔材料主要用作过滤、热交换和减磨材料(含油轴承)。

③ 生产硬质合金与难熔金属材料。常用的难熔金属的碳化物、氮化物具有极高的硬度,是硬质合金的主要原料。这些难熔金属及其碳化物、氮化物熔点高,采用熔炼方法无法正常熔化原料。因此,绝大多数难熔金属及其化合物和假合金只能用粉末冶金方法来制造。

④ 材料利用率高。粉末冶金由于可压制成具有最终尺寸的压坯,不需要或很少需要随后的机械加工,因此,金属的损耗总共只有 $1\%\sim5\%$;而采用一般熔铸方法生产时,金属损耗可能达到 80%。

粉末冶金也存在一些不足,例如:粉末冶金工艺只能生产尺寸有限和形状简单的制品；用粉末压制方法生产的机械零件，还存有残余孔隙，会影响制品的物理力学性能。

(2) 粉末冶金的应用

粉末冶金的应用广泛，可用于以下领域：机械材料和零件，如结构零件、减摩材料、摩擦材料；多孔材料及制品，如金属过滤器、泡沫金属等；硬质工具材料，如硬质合金、复合工具材料等；电接触材料，如电触头合金、电刷材料等；粉末磁性材料，如烧结软/硬磁体等；耐热材料，如难熔金属及其合金、高温合金、氧化物弥散强化材料、金属陶瓷等；原子能工程材料，如核燃料、屏蔽材料等。粉末冶金零件实例如图4-1所示。

(a) 含油轴承

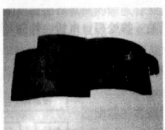
(b) 摩擦片

(c) 模具

(d) 齿轮

图4-1 粉末冶金零件实例

(3) 粉末冶金工艺过程

粉末冶金工艺过程包括粉末原料的制取、成形、烧结和后处理几个主要工序。

① 制粉是各种原料粉末的制取和准备。粉末可以是纯金属及其合金、非金属、金属与非金属的化合物以及其他各种化合物等。粉末的准备主要包括粉末的退火、筛分、混合和干燥等。原料粉末一般由专门的工厂或车间生产，用户可直接获得粉末产品。

② 成形是将金属粉末及各种添加剂均匀混合后制成具有一定形状和尺寸、一定密度和强度的坯块。

③ 烧结是将坯块在物料主要组元熔点以下的温度进行烧结，使制品具有最终的物理、化学和力学性能。

④ 后处理是将烧结后的坯块进行浸油、热处理、电镀、轧制、锻造和挤压等处理。

4.2 粉体制备技术

金属粉末是粉末冶金的主要原料。粉末冶金用的粉末种类很多，从材质来看，有金属粉末、合金粉末、金属化合物粉末等。

现有的制粉方法大体可分为两类：机械法和物理化学法。机械法可分为机械合金化法、球磨法、研磨法和雾化法等；物理化学法可分为电解法、还原法、热离解法、电化腐蚀法、化合法、还原-化合法、气相沉积法、液相沉积法。工业生产中，应用最广泛的是还原法、雾化法和电解法；而气相沉积法和液相沉积法在特殊应用时也很重要。

4.2.1 机械法

机械法即用机械力将原材料粉碎而化学成分基本不发生变化的工艺过程，包括机械合金化法、球磨法、研磨法和雾化法等。

(1) 机械合金化（MA）法

机械合金化是将各合金组分粉末放入高能球磨机中，抽真空后充氩气，其中塑性金属粉末在磨球长时间的碾压、冲击下发生形变，并以十分纯净的表面彼此接近到原子作用力的距离，金属粉末产生冷焊层。另一方面，脆性粉末被破碎，与超细氧化物质点一起被挤进冷焊层。反复粉碎与冷焊并伴随扩散过程，最终达到合金化。由此可获得微晶、纳米晶或非晶态的合金化粉末，合金成分任意选择。此法可用于复合材料、高温合金及非晶合金等所需粉末的制取。

(2) 球磨法

球磨法即通过滚筒的滚动或振动，使磨球对物料进行撞击来制取粉末的方法。球磨法适用于脆性材料及合金，常用的设备是球磨机。

(3) 雾化法

雾化法即通过高压气体、液体或高速旋转的叶片或电极，使熔融金属分散成雾状液滴，冷却成粉末的方法。气雾化与水雾化统称为二流雾化，二流雾化是借助于高压水流或气流冲击金属液流，使之破碎成雾状，冷凝得到粉末的方法，设备如图4-2所示。

4.2.2 物理化学法

物理化学法即借助物理或化学作用，改变物料的化学成分或聚集状态而获取粉末的方法，包括还原法、电解法和热离解法等。

(1) 还原法

还原法即用还原剂还原金属氧化物或盐类，使其成为金属粉末的方法，如用碳还原铁的氧化物来制取铁粉，用高温氢气还原钨氧化物来制取钨粉等。还原法是最常用的制取金属粉末的方法，工艺简便、成本较低，适用于由金属氧化物或卤族化合物制粉。

(2) 电解法

电解法即在溶液或熔盐中通入直流电，使金属离子电解析出，成为金属粉末

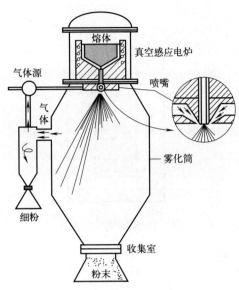

图 4-2 雾化装置示意图

的方法。电解法可制得高纯度粉末,但成本较高,适用于从金属盐类中制取粉末。

(3) 热离解法

热离解法即先将金属与 CO、H 或 Hg 作用,生成化合物或汞齐(即汞合金),再加热使其分解出 CO、H 或 Hg,从而制得金属粉末的方法。热离解法用于能与 Co、H 或 Hg 作用生成化合物或汞齐的金属。

4.3 成形方法

粉末成形是粉末冶金的第二个阶段。它是将松散的粉末制成具有一定形状、尺寸、密度和强度的坯块的工艺过程。

粉末成形主要分为两个大类,即普通模压成形和非模压成形。普通模压成形是最基本的方法。非模压成形包括:等静压成形、喷射成形、注射成形、激光快速成形、反应烧结等。

4.3.1 普通模压成形

普通模压成形是在常温下将金属粉末和混合粉末装在封闭的刚性模内,通过压机按规定的压力使其成形。

模压成形是基于较大的压力,将粉末在模具中压成块状坯料的。在压制过程中,粉末发生位移和变形。在此过程中,坯体不断收缩,当压力与颗粒间的摩擦力

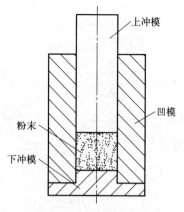

图 4-3 模压成形示意图

达到平衡时,坯体被压实,如图 4-3 所示。

模压成形工装设备简单,成本低。但由于压力分布不均匀,因此压坯各部分密度分布不均匀,影响制品性能。这种方式适用于简单、小尺寸零件。

4.3.2 等静压成形

(1) 冷等静压成形

冷等静压成形是常温下将粉末装在封闭的柔性包套模具中,随后浸入流体中并施加压力,压力通过柔性模的外表面均匀地作用在粉末上,使之成形的工艺。

由于粉末在柔性包套内各向均匀受压,所以可获得密度较均匀的压坯,因而烧结时不易变形和开裂。缺点是压坯尺寸精度差,还要进行机械加工。冷等静压成形工艺已广泛用于硬质合金、难熔金属及其他各种粉末材料的成形。

冷等静压按粉末装模方式及其受压形式可分为湿袋冷等静压和干袋冷等静压两类。

① 湿袋冷等静压:湿袋冷等静压是将粉末密封于柔性包套中并完全由压力流体所包围。湿袋冷等静压成形工艺比较慢,步骤包括:将粉末装填在模具中→在压力腔外部将其密封→浸入液体中→施加和释放压力→从压力腔中取出模具和压坯→从模具中取出压坯。

一次性包套的材料是聚乙烯或聚苯乙烯,可重复使用的包套材料是聚氨酯、硅橡胶、氯丁橡胶或天然橡胶。模具装满粉末并密封后,完全浸入压力介质中。压力介质通常是含有润滑剂和防腐剂的水。湿袋冷等静压设备如图 4-4 所示。

湿袋冷等静压的生产速率不如传统压制方法。另外,橡胶模对压坯尺寸的控制精度没有刚性模压制的零件高,零件的表面也不很规则。在一个生产循环中,可同时成形大小和形状不同的零件。此工艺通常用于大型的、形状复杂的以及小批量的零件生产。

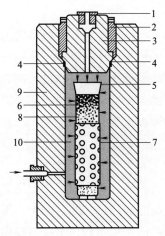

图 4-4　湿袋冷等静压设备示意图
1—排气塞；2—压紧螺帽；3—压力塞；4—金属密封圈；5—橡胶塞；
6—包套；7—有孔金属套；8—粉末料；9—高压容器；10—高压液体

② 干袋冷等静压：粉末装于成形包套中，再放入固定于高压容器内的加压包套中进行的冷等静压。

干袋冷等静压工艺的开发是为了加速生产过程。如图 4-5 所示，包套永久性地装在压力腔中。在模具空腔中装满粉末并用盖板密封；施加压力后卸压，揭开盖板，取出压坯，完成一个生产过程。对于干袋冷等静压，需要使用高质量的材料或较厚的包套，因为同一个包套要使用很多次。与湿袋冷等静压相比，干袋冷等静压可选择的模具形状很有限，因为干袋冷等静压不能生产具有较深侧凹的压坯。另外，干袋冷等静压的生产速率明显高于湿袋冷等静压，并且已经开发出了专用设备用于大批量的等静压生产。

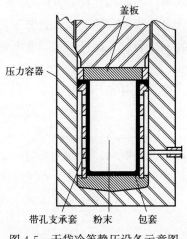

图 4-5　干袋冷等静压设备示意图

(2) 热等静压成形

热等静压（hot isostatic pressing，HIP）成形的工艺原理是把粉末压坯或把装入特制容器（粉末包套）内的粉末置于热等静压机高压容器中，热等静压机通过流体介质，将高温和高压同时均等地作用于材料的全部表面，使之成形或固结成为致密的材料。经热等静压得到的制品能消除材料内部缺陷和孔隙，能显著提高材料致密度和强度。热等静压技术可以压制一些大型的、形状复杂的零件，与一般工艺相比能大大减少残料损失和大量的机械加工作业，将材料的利用率由原来的10%～20%提高到了50%。

热等静压成形采用的压力较高且更均匀，因此压制效果明显。粉末体在热等静压高压容器内同一时间经受高温和高压的联合作用，可以强化压制与烧结过程，降低制品的烧结温度，改善制品的组织结构，消除材料内部颗粒间的缺陷和孔隙，提高材料的致密度和强度。

热等静压装置主要由压力容器相关部件、气体增压设备、加热炉和控制系统等几部分组成。其中，压力容器相关部件主要包括密封环、压力容器、顶盖和底盖等；气体增压设备主要有气体压缩机、过滤器、止回阀、排气阀和压力表等；加热炉主要包括发热体、隔热屏和热电偶等；控制系统由功率控制、温度控制和压力控制等部分组成。现在的热等静压装置主要趋向于大型化、高温化和使用气氛多样化，因此，加热炉的设计和发热体的选择显得尤为重要。目前，HIP加热炉主要采用辐射加热、自然对流加热和强制对流加热三种加热方式，发热体材料主要是Ni-Cr、Fe-Cr-Al、Pt、Mo和C等。

粉末在这种各向均匀的压力和温度的作用下成为具有一定形状的制品。加压介质一般用氩气。常用的包套材料为金属（低碳钢、不锈钢、钛），还可用玻璃和陶瓷。高温和等静压力的同时作用，可使许多种难以成形的材料达到或接近理论密度，并且晶粒细小、结构均匀、各向同性且具有优异的性能。热等静压法最适宜于生产硬质合金、粉末高温合金、粉末高速钢和金属铍等材料和制品；也可对熔铸制品进行二次处理，消除气孔和微裂纹；还可用来制造不同材质紧密粘接的多层或复合材料与制品。

目前热等静压的工艺种类一般有先升压后升温、先升温后升压、同时升温升压和热装料四种。

① 先升压后升温方式。这种工艺的特点是无须将压力升至保温时所需要的最高压力，采用低压气压机即可满足要求。这种工艺应用于采用金属包套的热等静压处理。利用这种工艺处理铸件、碳化钨硬质合金和预烧结件较为经济。但在使用玻璃包套时却不能采用这种工艺方式，因为在不加温的条件下缸内压力增加，会使玻璃包套破碎。

② 先升温后升压方式。这种工艺方法适用于采用玻璃包套的情况。特点是先

升温,使玻璃软化后再加压,软化的玻璃充当传递压力和温度的介质,使粉末成形和固结。这种操作方式也适用于采用金属包套的情况和固相扩散黏结。

③ 同时升温升压方式。这种方式适用于低压成形,并能够使工艺周期缩短,但需要使用高压气压机。操作程序是洗炉之后,升温和升压同时进行,达到所需温度和压力后保持一段时间,然后再降温和泄压。该方法适用于装料量大、保温时间长的作业。

上述三种工艺为冷装料工艺,在生产中用于硬质合金、钛合金、金属和陶瓷等粉末的成形和烧结以及铸件处理。

④ 热装料方式。热装料方式又称预热法,特点是工件预先在一台普通加热炉内加热到一定温度,然后再将热工件移入热等静压机内。经热等静压处理后,工件出炉并在炉外冷却;与此同时,将另一预热的工件移入热等静压机内进行处理,形成连续作业。该工艺节省了工件在热等静压机中升温和冷却的时间,缩短了生产周期,提高了热等静压设备的生产能力。

4.3.3 喷射成形

喷射成形过程就是利用气体雾化产生颗粒喷雾,使之沉积到一个移动的垫托物上,形成快速的致密化,从而产生几乎全致密的结构。喷射成形采用惰性气体保护的喷雾器,且衬底紧靠雾化喷嘴下方放置。如图 4-6 所示,喷雾喷到衬底模(基杆)上经快速变形后迅速致密化。同时,热量的迅速排出形成了微结构的各向同性。在某些情况下,产品的密度足够大,可以直接使用;而在其他情况下,产品需要经过进一步的热轧、挤压或锻造,消除成形件中的孔隙。一般来说,沉积速率为 $0.5 \sim 2 \text{kg/s}$,冷却速率大约在 10^4K/s。这个方法当前用于镍、铜和铝合金制造。

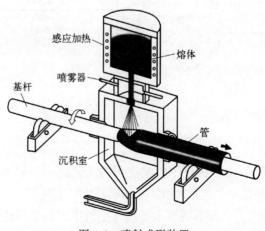

图 4-6 喷射成形装置

喷射成形工艺过程如图4-7所示,熔融金属被高压惰性气流粉碎成雾化液态微粒并沉积在转动的衬底上,多余的雾化液态微粒经旋流器回收。

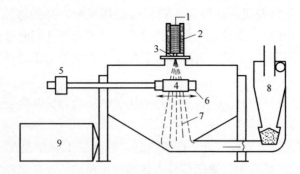

图4-7 喷射成形工艺过程图

1—熔融金属；2—熔埚（坩埚）；3—Osprey气体喷嘴；4—沉积物；5—转动轴；
6—转动轴套；7—多余的雾化微料；8—旋流器；9—动力矩

喷射成形技术根据不同的加工方式可分为喷射轧制、喷射锻造、离心喷射沉积及喷射涂层四种。

① 喷射轧制：喷射沉积物随移动台架（或轧辊）构成连续的板带半成品（如图4-8），再经热轧成板或带材。

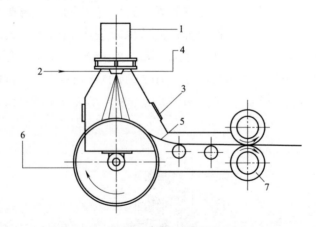

图4-8 喷射轧制工艺示意图

1—保温炉；2—送入氮气；3—观察孔；4—喷嘴；
5—沉积带材；6—转动衬板；7—轧辊

② 喷射锻造是喷射成形领域中较早发展的工艺之一。如图4-9所示,被雾化的金属液态微粒直接喷入一定形状和尺寸的模腔中制成预成形坯,通过操纵器可使预成形坯的孔隙度达1%,随后将预成形坯在空气中进行冷锻造或热锻造,即可得到全致密的制品。

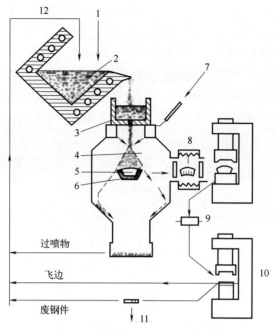

图 4-9 喷射锻造工艺过程示意图

1—废料及铸件；2—感应炉；3—漏包；4—喷雾；5—预成形坯；
6—模腔；7—氮气；8—调温炉；9—锻造；10—剪切；11—产品；12—返回料

③ 离心喷射沉积。如图 4-10 所示，熔融金属或合金注入离心雾化机内，产生雾化液态微粒，微粒流以高速射到冷的衬底上，碰扁成薄片，积聚、冷却、凝固成沉积物，再将其从衬底上脱出即可获所需的板、带、片等材料。

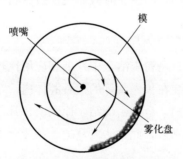

图 4-10 离心喷射沉积示意图

④ 喷射涂层。熔融金属通过喷嘴将金属液流喷射成雾状液态微粒涂积在基底上，相互结合在一起，形成一层薄的涂层。也可以进行多次喷涂以获得多层涂层。

4.3.4 粉末挤压成形

粉末挤压成形是指装在挤压模内的粉末或粉末压坯在压力的作用下，通过挤压嘴挤成坯块或制品的一种成形方法，这与致密金属的挤压加工的原理是相似的。

粉末的挤压也可以分为冷挤压和热挤压。

粉末冷挤压需要在金属粉末中添加一定量的有机黏结剂，以提高粉料的可塑性和坯块的强度。因此，粉末冷挤压法通常又称为增塑粉末成形。挤压坯块经过干燥、预烧和烧结便制成粉末冶金制品，有机黏结剂则随之挥发或燃烧掉。

粉末热挤压则是把金属粉末或粉末压坯装入包套内加热，在较高温度下带着包套一起挤压成形。图 4-11 为粉末热挤压成形示意图；冷挤压与此图相似，只是没有金属包套而已。热挤压法能够制取形状复杂、性能优良的粉末冶金制品和材料。

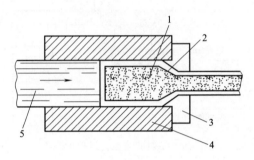

图 4-11　粉末热挤压成形示意图
1—粉料；2—金属包套；3—挤压嘴；4—挤压筒；5—推压杆

粉末挤压成形具有以下主要特点：可挤压出壁很薄、直径很小的微型小管；可挤压出性能优良的金属材料和制品；挤压制品的长度几乎不受挤压设备的限制，可连续生产；挤压不同截面形状的制品时只需更换挤压嘴，灵活性大等。

4.3.5　粉末热压成形

热压又称为加压烧结，是粉末冶金中发展和应用比较早的一种粉末热压力增塑成形技术。热压是将粉末装在预先制好的模具腔体内，在粉末烧结过程中施加机械压力，实现粉末热压力增塑、全致密烧结。原则上，凡是用一般方法能制得的粉末零件，都适于用热压方法制造，此方法尤其适于制造全致密难熔金属及其化合物等材料制品。

(1) 热压设备

热压设备主要由三部分组成：加压装置，加热装置，热压模具。热压设备如图 4-12 所示。

(2) 加热方式

在热压过程中通常利用电加热，最普通的方法有：对压模或烧成料通电直接加热；将压模放在电炉中，对其进行间接加热；对导电压模进行直接感应加热；把非

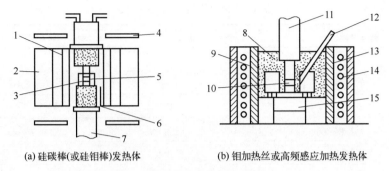

(a) 硅碳棒(或硅钼棒)发热体　　　　(b) 钼加热丝或高频感应加热发热体

图 4-12　热压设备示意图

1—硅碳棒；2—炉体；3—样品；4—隔热板；5—热压模；6—通氧管；7—油压机或千斤顶；8—石墨粉；9—模具；10—热压粉料；11—压杆；12—测温管；13—石英绝缘套；14—高频线圈；15—氧化铝绝缘板

导电压模放在导电管中进行感应加热，见图 4-13。用电加热方法加热时，试样外层比内层温度高，为了达到热平衡，需要较长的时间。

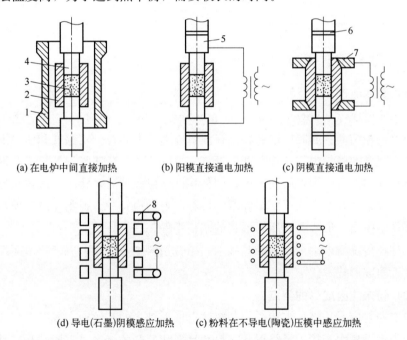

(a) 在电炉中间直接加热　　(b) 阳模直接通电加热　　(c) 阴模直接通电加热

(d) 导电(石墨)阴模感应加热　　(e) 粉料在不导电(陶瓷)压模中感应加热

图 4-13　各种加热方式热压示意

1—加热装置；2—阴模；3—制品；4,5—阳模；6—绝缘套；7,8—石墨或钢的（水冷）导体

(3) 热压模具

热压模具必须具有较高的热稳定性、较高的高温强度和抗扭冲击性，同时要在高温下不氧化，不与热压物料发生反应和粘连。常用模具材料最高使用温度和最大热压压力列于表 4-1。

表 4-1　常用模具材料相关参数

热压模具材料	最高热压温度/℃	最大热压压力/MPa
石墨	2500	70
氧化铝	1200	210
氧化锆	1180	—
氧化铍	1000	105
碳化硅	1500	280
碳化钽	1200	56
碳化钨,碳化钛	1400	70
二硼化钛	1200	105
钨	1500	245
钼	1100	21
高温合金不锈钢	1100	—

4.3.6　粉末注射成形

(1) 基本原理

粉末注射成形（powder injection molding，PIM）：将金属粉末（或陶瓷粉末等）与有机黏结剂一起制成混合料，在注射成形机上，在一定温度和压力下通过注射口注入闭合的模具中，冷却后开启模具，得到坯体。金属零件的粉末注射成形是由塑料零件的注射成形发展而来的。塑料零件注射成形时，将粉末或粒状的热塑性树脂加热到某一温度以获得所需黏度，接着注射到模具中。树脂在冷的模具中凝固后从模具中脱出，形成具有所需形状的塑料零件。

它是在传统粉末冶金技术的基础上，结合塑料工业的注射成形技术而发展起来的一种近净成形技术。

(2) 粉末注射成形的特点

粉末注射成形是将粉末冶金与塑料注射成形结合的新的粉末成形工艺技术。它可以用于大批量生产接近最终形状、尺寸且形状复杂的金属、陶瓷制品。其生产工序少，无工序废料，少或无切削加工。注射成形是复杂形状粉末冶金零件制造领域的研究热点之一，在难熔金属与硬质合金、不锈钢、轻金属、复合材料、陶瓷等领域有广阔的应用前景。

(3) 粉末注射成形工艺过程

粉末注射成形工艺主要包括黏结剂与粉末的混合、制粒、注射成形、脱脂及烧结五个步骤。粉末注射成形工艺流程如图 4-14 所示。首先，将固体粉末与有机黏结剂均匀混炼，经制粒后在加热塑化状态（约150℃）下用注射成形机注入模腔内固化成形；然后，用化学或热分解的方法将成形坯中的黏结剂脱除（脱脂）；最后，经烧结致密化得到最终产品。具体工艺和设备类型见塑料成型相关章节。

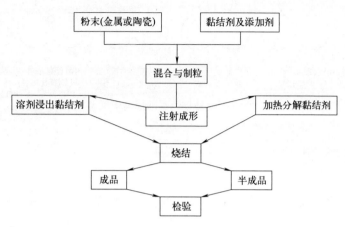

图 4-14　粉末注射成形工艺流程图

4.4　烧结

(1) 烧结的概念

烧结是将粉末或粉末压坯在适当的气氛条件下加热，使粉末颗粒之间通过原子扩散发生黏结，粉末颗粒的聚集体变为晶粒的聚结体，从而获得具有所需物理性能和力学性能的制品或材料。

(2) 烧结的基本过程

由于烧结颈的长大，颗粒间原来相互连通的孔隙逐渐收缩成闭孔，然后逐渐变为球状（图 4-15）。同时，孔隙的个数减少，平均孔隙尺寸增大，此时小孔隙比大孔隙更容易缩小和消失。粉末的等温烧结过程，按时间大致可以分成三个阶段：

① 黏结阶段：烧结初期，粉末颗粒间的原始接触点或面转变成晶体结合，即通过形核、长大的结晶过程形成烧结颈，见图 4-15（a）。此时颗粒内部的晶粒不发生变化，颗粒外形也基本未变，整个烧结体尚未发生收缩，密度增加极少；但烧结体的强度和导电性由于颗粒结合面增大而有明显增加。

② 烧结颈长大阶段：原子向颗粒结合面迁移使烧结颈扩大，颗粒间距缩小，形成连续的孔隙网络。随着晶粒长大，晶界越过孔隙移动，被晶界扫过的孔隙大量消失，见图 4-15（b）。

③ 闭孔隙球化和缩小阶段：当烧结体密度达到 90% 以后，多数孔隙被完全分

隔而成为封闭的孔隙，封闭的孔隙形状趋于球形，并不断缩小［图 4-15（c）、(d)］。这个阶段可以延续很长时间，但是仍残留少量的封闭孔隙不能消除。

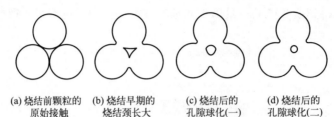

(a) 烧结前颗粒的原始接触　(b) 烧结早期的烧结颈长大　(c) 烧结后的孔隙球化(一)　(d) 烧结后的孔隙球化(二)

图 4-15　球形颗粒的烧结模型

4.5　后处理

为了进一步提高粉末冶金制品的性能和形状、尺寸精度，往往需要对烧结后的坯件进行后处理。

(1) 精整、整形和复压

为了提高粉末冶金机械零件的精度或强度（密度），在烧结后，对烧结件进行第二次压制，这种工艺方法可以分为精整、整形和复压。精整的作用是使烧结件达到尺寸公差和表面粗糙度要求；整形的作用是使烧结件获得特定的表面形状并适当改善局部密度；复压的作用主要是使烧结件提高整体密度，以达到零件的强度要求。

(2) 热处理

对强度性能等要求高的零件，还需进行热处理或表面硬化处理，主要有淬火、渗碳、碳氮共渗、渗硼等。淬火可以提高工件的硬度；渗入合金元素则可以提高表面硬度，并能够堵塞孔隙。由于粉末冶金零件存在孔隙，故不宜采用盐浴炉等钢制零件的热处理设备淬火。一般可采用带可控气氛的热处理炉或真空淬火炉进行处理。对于需要渗碳、碳氮共渗淬火的粉末冶金零件，可采用气体渗碳炉进行处理。

(3) 浸油

粉末冶金零件中有两种孔隙，即开孔和闭孔。所谓开孔，即为与零件表面相连的连通孔隙。浸油就是让油填满所有的连通孔隙。常用的含油轴承就是经过浸油处理的。

(4) 硫化处理

粉末冶金零件进行硫化处理可降低材料的摩擦系数，而且硫化处理成本低。硫化处理后的零件可以作为一种很好的减磨材料，代替青铜、巴氏合金等。硫化处理中，采用浸硫的方法，让硫渗入零件的孔隙并与铁反应生成硫化铁。硫化铁是一种良好的固体润滑剂，具有很好的润滑性能和抗咬合性能。硫化处理还可以改善粉末冶金零件的可切削性能，打磨和切削后零件有很好的光亮度。

4.6 粉末冶金在新能源领域的应用

与其他制造技术相比，粉末冶金技术可以更经济和高效地生产结构部件，并能达到较高的尺寸精度，实现性能需求，这一优势一直驱动着粉末冶金技术在新能源领域的发展。

4.6.1 新能源汽车零件生产

汽车行业是粉末冶金零件的主要应用领域，主要涉及粉末冶金铁基合金和铝合金零件的生产。

粉末冶金铁基合金零件，主要有发动机上的凸轮轴正时齿轮和曲轴正时齿轮、发动机油泵齿轮、汽车发动机可变气门正时（VVT）系统、油泵转子和连杆，以及减速器中的同步器锥环、驻车限位块、变速器油泵粉末冶金零件（定子、配油盘、转子）等。

粉末冶金铝合金零件以其轻质高强的优势替代汽车上用的铁基粉末冶金零件，是目前的发展趋势。粉末冶金铝合金零件主要应用在汽车空调、电动机转子、发动机活塞、气缸衬套、进气门及气门座等，以进一步实现轻量化。

4.6.2 锂离子电池材料制备

粉末冶金技术在制备锂离子电池材料中的应用主要体现在采用固相法和液相法制备正极材料粉末上。固相法包括高温固相法、碳热还原法和微波法等；液相法包括溶胶-凝胶法、水热法、沉淀法等，这些方法各有优缺点，但都能得到纯度高的正极材料粉体。目前利用固相合成法可以生产合格的锂钴氧化合物、锂镍氧化合物、锂锰氧化合物、锂钒氧化合物、磷酸铁锂等正极材料。液相法是制备 $LiFePO_4$ 的一种常用方法。

4.6.3 储氢材料制备

金属基储氢合金一般有镁基储氢材料、稀土系储氢材料及钛系储氢材料等。储氢合金材料的制备涉及熔炼法、机械合金化法、氢化燃烧合成法和还原扩散法等。对于先进的储氢合金，一般采用机械合金化、氢化燃烧合成和还原扩散法等粉末冶金技术来制备。

4.6.4 清洁能源设备材料制备

钕铁硼稀土永磁体是风力发电机稀土永磁电机中最重要的零部件。钕铁硼稀土永磁材料是采用粉末冶金技术来制备的，基本工艺是熔炼→铸锭→破碎→微粉碎→磁场中成形→烧结→时效处理→机械加工→表面处理→充磁。

复习思考题

① 请说明粉末冶金工艺过程。
② 请说明机械合金化制备粉末的基本原理。
③ 请分析干袋冷等静压和湿袋冷等静压的区别。
④ 请说明粉末注射成形的工艺过程。

第5章 气相沉积

5.1 气相沉积与薄膜技术的关系

利用气相中发生的物理、化学过程，在固体材料表面形成功能性或装饰性的金属、非金属或化合物薄膜的工艺称为气相沉积。气相沉积技术属于薄膜技术范围，是促进新技术、新产品向轻、小、薄、细方向发展的关键技术。

利用现代技术在工件（或基体）表面上沉积厚度为 100nm 至数微米薄膜的技术，称为薄膜形成技术。几乎所有的固体材料都能制成薄膜材料。由于其极薄，通常为几十纳米到微米级，因而需要基体支承。薄膜和基体是不可分割的，薄膜在基体上生长，彼此有相互作用，薄膜的一面附着在基体上，并受到约束而产生内应力。附着力和内应力是薄膜极为重要的固有特征，具体大小不仅与薄膜和基体的本质有关，还在很大程度上取决于制膜的工艺条件。基体的类型很多，例如微晶玻璃、蓝宝石、单晶等都是用得很多的基体。

气相沉积技术包括：化学气相沉积（chemical vapor deposition，CVD），物理气相沉积（physical vapor deposition，PVD），等离子体增强化学气相沉积（plasma enhanced chemical vapor deposition，PECVD）。

现在气相沉积技术不仅可以沉积金属膜、合金膜，还可以沉积各种各样的化合物、非金属、半导体、陶瓷、塑料膜等。这些薄膜及其制备技术，除大量用于电子器件和大规模集成电路制作之外，还可用于制取磁性膜及磁记录介质、绝缘膜、电介质膜、压电膜、光学膜、光导膜、超导膜、传感器膜、和耐磨、耐蚀、自润滑膜，装饰膜以及满足各种特殊需要的功能膜等，在促进电子电路小型化、功能高度集成化方面发挥着关键的作用。

5.2 物理气相沉积

5.2.1 物理气相沉积概述

物理气相沉积是利用电弧、高频电场或等离子体等高温热源将原料加热至高温,使之气化或形成等离子体,然后通过骤冷,使之凝聚成各种形态的材料(如晶须、薄膜、晶粒等)。其原理一般基于纯粹的物理效应,但有时也与化学反应相关联。物理气相沉积技术分为真空蒸发镀、离子镀、溅射镀。

物理气相沉积的特点如下:

① 沉积层的材料来自固体物质源,采用各种加热源或溅射源使固态物质变为原子态。而化学气相沉积、等离子体化学气相沉积采用的是气态物质源。

② 沉积粒子能量可调节,反应活性高:通过等离子体或离子束介入,可以获得所需的沉积粒子能量进行镀膜,提高膜层质量;通过等离子体的非平衡过程提高反应活性。

③ 多数沉积层是在低温等离子体条件下获得的,沉积层粒子被电离、激发为离子、高能中性原子,可实现低温反应合成和在低温基体上沉积,沉积层的组织细密、与基体的结合强度好。

④ 沉积是在辉光放电、弧光放电等低温等离子体条件下进行的,沉积层粒子的整体活性大,容易与反应气体进行化合反应,获得氮化钛等化合物涂层。可以在较低温度下获得各种功能薄膜;基材范围广泛,可以是金属、玻璃、陶瓷、塑料。

⑤ 沉积是在真空条件下进行的,没有有害气体排出,无污染。

物理气相沉积的这些特点使它成为制备集成电路、光电器件、光学器件、磁光存储元件、敏感元件等高科技产品的最佳技术手段。伴随高新科学技术的发展,物理气相沉积技术也得到了迅猛的发展。

5.2.2 真空蒸发镀膜

(1) 真空蒸发镀膜原理

真空蒸发镀膜简称真空蒸发镀或真空蒸镀,是在真空条件下用一定的方法加热镀膜材料(简称膜料)使之蒸发或升华,并沉积在工件表面形成固态薄膜。

真空蒸镀的原理为采用各种热能转换方式(如电阻加热、电子束加热、高频感应加热、电弧加热和激光加热等),使膜料蒸发或升华,成为具有一定能量(0.1~0.3eV)的粒子(原子、分子或原子团)。这些气态粒子通过基本上无碰撞的直线运动快速传输到基体。粒子沉积在基体表面上并凝聚成薄膜。传输到基体的蒸气粒子与基体碰撞后一部分被反射,另一部分被吸附在基体表面并发生表面扩散,沉积粒子之间产生二维碰撞,形成簇团,有的在表面停留一段时间后再蒸发。粒子簇团与扩散粒子相碰撞,或吸附单粒子,或放出单粒子,这种过程反复进行,当粒子数超过某一临界值时就变为稳定核,再不断吸附其他粒子而逐步长大,最后与邻近稳定核合并,进而变成连续膜。组成薄膜的原子重新排列或化学键合发生变化。因此,真空蒸镀的过程是由镀材物质蒸发、蒸气原子传输,蒸气原子在基体表面形核、成长的过程组成,即包括"蒸发→输运→沉积"过程。

(2) 真空蒸发镀膜工艺

根据蒸镀时热能转换方式不同,真空蒸发镀膜工艺可分为电阻加热蒸镀、电子束加热蒸镀、高频感应加热蒸镀、电弧加热蒸镀和激光加热蒸镀。

① 电阻加热蒸镀。电阻加热蒸镀机设备结构,如图 5-1 所示。

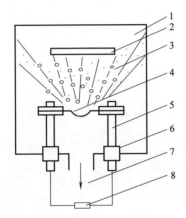

图 5-1　电阻加热蒸镀机设备结构示意图
1—镀膜室;2—工件(基片)架;3—金属蒸气流线;4—电阻蒸发源;
5—电极;6—电极密封件组件;7—真空系统;8—蒸发电源

真空蒸镀的设备由镀膜室、真空系统、电阻蒸发源、工件(基片)架和电极组成,匹配有蒸发电源、加热电源、轰击电源、进气系统等。镀膜室上方安装工件(基片)架,工件(基片)安放在工件(基片)架的卡具上。镀膜室下方设有电阻蒸发源。用高真空机组抽真空,真空度 $6×10^{-3}$ Pa 左右。电阻蒸发源采用电阻温度系数大的高熔点金属钨、钼、钽等制作。将欲蒸镀的材料安装在蒸发源上。蒸镀时,在电极上通以低电压、大电流的交流电,使难熔金属蒸发源升温,将欲蒸镀的材料加热至熔化、蒸发温度。大量的蒸气原子离开熔池表面进入气相,按直线方式飞到基片表面凝固成金属薄膜。

② 电子束加热蒸镀。电子束加热蒸镀是将膜料放入水冷铜坩埚中,利用高能量密度的电子束加热,使膜料熔融、蒸发并凝结在基体表面成膜。电子束加热蒸镀时电子束轰击热源的束流密度高,能获得比电阻加热源更大的能量密度,故可蒸发

如 W、Mo、Ge、Al_2O_3 等高熔点材料，并且能达到较高的蒸发速率。由于膜料置于水冷坩埚内，因而可避免容器材料的蒸发以及容器材料与膜料之间的反应，有利于提高薄膜的纯度；电子束蒸发分子动能较大，能得到比电阻加热法更牢固致密的膜层。

③ 高频感应加热蒸镀。将装有膜层材料的坩埚放在螺旋线圈的中央（不接触），在线圈中通以高频电流，如图 5-2 所示，可以使金属膜层材料产生感应电流将自身加热，使膜料蒸发并凝结在基体表面成膜。高频感应加热蒸镀的蒸发源一般由水冷高频线圈和石墨或陶瓷（如氧化镁陶瓷、氧化铝陶瓷、氮化硼陶瓷等）坩埚组成，高频电源的频率为一万至几十万赫兹，输入功率为几至几百千瓦。目前高频感应加热蒸镀主要用于制备铝、铍、钛膜。

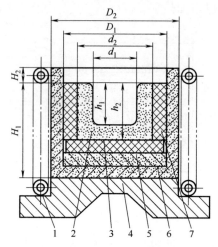

图 5-2 高频感应加热蒸发源
1—感应线圈；2—内坩埚；3—绝热层；4—底座；
5—调整垫；6—外坩埚；7—绝热筒

④ 电弧加热蒸镀。电弧加热蒸镀是通过两导电材料制成的电极之间形成电弧，产生足够高的温度使电极材料蒸发、沉积成薄膜。此法避免了电阻加热法中常存在的加热丝、坩埚与膜料发生反应的问题，而且可制备如 Ti、Zr、Hf、Ta、Nb、W 等高熔点金属在内的几乎所有导电性材料的薄膜。

⑤ 激光加热蒸镀。如图 5-3 所示，激光加热蒸镀是用激光束照射膜料表面，以无接触方式使膜层材料加热汽化（或气化），然后沉积在基片上形成膜层。激光加热蒸镀的主要优点是：能实现化合物的蒸发沉积，不会产生分馏现象；能蒸发几乎任何高熔点材料；可以减少和避免对膜层的污染，同时还可以避免电子束加热蒸镀时膜层表面带电现象等；可引入各种活性气体，如氢、氧等，制备氢化物和氧化物薄膜。

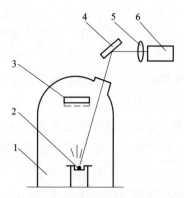

图 5-3　激光束蒸发源蒸发镀膜机结构示意图
1—镀膜室；2—待蒸金属；3—工件；
4—反射镜；5—聚光镜；6—激光源

5.2.3　溅射镀膜

(1) 溅射镀膜原理

以动量传递的方法，用荷能粒子轰击材料表面，使其表面原子获得足够的能量而飞出的过程称为溅射，被轰击的材料称为靶。由于离子易于在电磁场中加速或偏转，所以荷能粒子一般为离子，这种溅射称为离子溅射。用离子束轰击靶而发生的溅射，则称为离子束溅射。

溅射镀膜简称溅射镀，利用溅射现象来达到制取各种薄膜的目的，即在真空室中利用荷能离子轰击靶表面，使被轰击出的气态粒子在基片（工件）上沉积。与真空蒸镀相比，溅射镀膜的特点是：溅射镀膜依靠动量交换作用使固体材料的原子、分子进入气相，溅射出的粒子的动能为几到几十电子伏特，比真空蒸镀高 10～100 倍，沉积在基底表面上之后，尚有足够的动能在基底表面上迁移，因而镀层质量较好，与基底结合牢固；几乎任何材料都能溅射镀膜。

(2) 磁控溅射镀膜

磁控溅射是一种高溅射速率、低基片加热温度的溅射技术，称为高速低温溅射技术，它是工业实际应用中最有成效和最有发展前景的溅射工艺，是十分重要的薄膜制备和工业生产的手段。

磁控溅射镀膜的原理是：在与二极溅射靶表面平行的方向上施加磁场，利用电场和磁场相互垂直的磁控管原理建立垂直于电场（亦即垂直于靶面）的一个环形封闭磁场，该电磁正交场形成一个平行于靶面的电子捕集阱，来自溅射靶面的二次电子落入正交场捕集阱中，不能直接飞向阳极，而是在正交场作用下来回振荡，近似做摆线运动，并不断与气体分子发生碰撞，把能量传递给气体分子，使之电离，而其本身变为低能电子,最终沿磁力线漂移到阴极附近的阳极,进而被吸收。由于磁控溅射装置的阳极在阴极的四周,基片不在阳极上,而放置在靶对面浮动电位的基片架上,这就避免了高能粒子对基片的强烈轰击,消除了二极溅射中基片被轰击加热和被电子辐射引起损伤的根源,体现了磁控溅射中基片"低温"的特点。

目前普遍使用的磁控溅射镀膜机主要由真空室、排气系统、磁控溅射源系统和控制系统四部分组成。其中,磁控溅射源系统是磁控溅射镀膜机的核心部件,由磁控溅射靶和溅射电源组成。按结构分,磁控溅射靶主要有实心柱状磁控溅射靶和平面磁控溅射靶,见图 5-4。柱状磁控溅射靶结构简单,可有效地利用空间,可在更低的气压下溅射成膜,适用于形状复杂、几何尺寸变化大的镀件。平面磁控溅射靶按靶面形状分,又有圆形和矩形两种,它制备的膜厚均匀性好,对大面积的平板可连续溅射镀膜,适合于大面积和大规模的工业化生产。

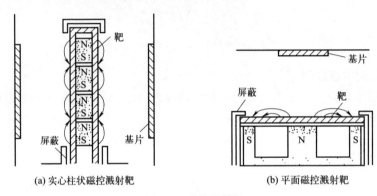

图 5-4 磁控溅射靶

5.2.4 离子镀膜

离子镀膜是在真空蒸镀和溅射镀技术基础上发展起来的一种新的镀膜技术,简称离子镀。离子镀是在真空条件下,利用气体放电使气体或被蒸发物质部分电离,在气体离子或被蒸发物质离子轰击基片表面的同时把被蒸发物质或其反应产物沉积在基片上。它把真空蒸镀技术与气体的辉光放电、等离子体技术结合在一起,使镀料原子沉积与带能离子轰击改性同时进行,不但兼有真空蒸镀的沉积速度快和溅射镀的离子轰击清洁表面的特点,而且具有镀制膜层的附着力强、绕射性好、可镀材料广泛等优点,因此获得了迅速的发展。

图 5-5 为典型的直流二极型离子镀原理图。镀前将真空室抽至 $10^{-4} \sim 10^{-3}$Pa 的高真空,随后通入惰性气体(如氩气),使真空度达到 $10^{-1} \sim 1$Pa。接通高压电源,则在蒸发源(阳极)和基片(阴极)之间建立起一个低压气体放电的低温等离子体区。放电产生的高能惰性气体离子轰击基片表面,可有效地清除基片表面的气

体和污物。与此同时,镀料气化或蒸发后,蒸气粒子进入等离子体区,与等离子体区中的正离子和被激活的惰性气体原子以及电子发生碰撞,其中一部分蒸气粒子被电离成正离子。正离子在负高压电场加速作用下,沉积到基片表面成膜。在离子镀的全过程中,被电离的气体离子和镀料离子一起以较高的能量轰击基片或镀层表面。因此,离子镀是镀料原子沉积与带能离子轰击同时进行的物理气相沉积技术。离子轰击的目的是改善膜层与基片之间的结合强度,并改善膜层性能。

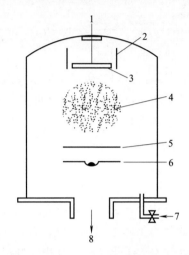

图 5-5 离子镀原理图
1—接负高压;2—接地屏蔽;3—基片;4—等离子体;5—挡板;
6—蒸发源;7—氩气阀;8—真空系统

5.3 化学气相沉积

化学气相沉积(CVD)是一种制备材料的气相生长方法,它是把一种或几种含有构成薄膜元素的化合物、单质气体通入放置有基材的反应室,借助空间气相化学反应在基材表面上沉积固态薄膜的工艺技术。

5.3.1 化学气相沉积的过程及优缺点

CVD 过程包括:含有构成薄膜元素的反应物质在较低温度下气化为反应气体,反应气体送入高温反应室;反应气体分子被基材表面吸附;在基材表面产生化学反应,形核;析出金属或化合物沉积在工件表面,形成涂层和副产物;生成物从基材表面扩散,副产物排出。

化学气相沉积与其他薄膜制备方法相比,具有如下优点:
① 设备简单,操作维护方便,灵活性强,既可制造金属膜和非金属膜,又可

按要求制造多种成分的合金、陶瓷和化合物镀层。

② 可在常压或低真空状态下工作，镀膜的绕射性好，可在深孔、阶梯面、洼面或其他复杂的基体表面及颗粒材料上沉积。

③ 由于沉积温度高，涂层与基体之间结合力好，因此经过CVD法处理后的工件即使在十分恶劣的加工条件下工作，涂层也不会脱落。

④ 涂层致密而均匀，可在很宽的范围内控制所制备薄膜的化学计量比，容易控制其纯度、结构和晶粒度。

⑤ 沉积层通常具有柱状晶结构，不耐弯曲。但通过各种技术对化学反应进行气相扰动，可以得到细晶粒的等轴沉积层。

化学气相沉积的主要缺点是：需要在较高温度下反应，基材温度高，沉积速率较低（一般每小时只有几微米到几百微米）；基材难于局部沉积；参加沉积反应的气源和反应后的余气都有一定的毒性等。因此，CVD工艺的应用不如溅射镀和离子镀那样广泛。

5.3.2 化学气相沉积工艺

化学气相沉积技术有多种分类方法：按激发方式，可分为热化学气相沉积、兼有CVD和PVD两者特点的等离子体增强化学气相沉积（PECVD）、激光化学气相沉积等；按反应室压力，可分为常压化学气相沉积、低压化学气相沉积等；按反应温度的相对高低，可分为高温化学气相沉积（800~1200℃）、中温化学气相沉积（500~<800℃）、低温化学气相沉积（<500℃）。

(1) 热化学气相沉积（TCVD）

TCVD是利用高温激活化学反应气相生长的方法。TCVD法的原理是，利用挥发性的金属卤化物和金属的有机化合物等，在高温下发生气相化学反应，包括热分解、氢还原、氧化、置换反应等，在基板上沉积所需要的氮化物、氧化物、碳化物、硅化物、高熔点金属、半导体等薄膜。TCVD应用于半导体和其他材料领域，广泛应用的CVD技术如金属有机化学气相沉积、氢化物化学气相沉积等都属于这个范围。

(2) 低压化学气相沉积（LPCVD）

LPCVD的压力范围一般在$1~4\times10^4$Pa之间。由于低压下分子平均自由程增加，因而加快了气态分子的输运过程，反应物质在工件表面的扩散系数增大，使薄膜均匀性得到改善。对于表面扩散动力学控制的外延生长，可增大外延层的均匀性，这在大面积、大规模外延生长中（如大规模硅器件工艺中的介质膜外延生长中）是必要的。但是对于由质量输送控制的外延生长，上述效果并不明显。

低压外延生长，对设备要求较高，必须有精确的压力控制系统，增加了设备成本。低压外延有时是必须采用的手段，如当化学反应对压力敏感时，常压下不易进行的反应在低压下变得容易进行。

(3) 等离子体增强化学气相沉积（PECVD）

将工件置于阴极上，借助外部所加电场的作用引起辉光放电或借助外热源，使工件升到一定温度后，通入适量的反应气，使原料气体成为等离子体状态，变为化学上非常活泼的激发分子、原子、离子和原子团等，促进化学反应进行，增加了CVD 成膜率。

等离子体增强化学气相沉积由于等离子体参与化学反应，因此可以显著降低基材温度，具有不易损伤基材等特点，并有利于化学反应的进行，使通常从热力学上进行得比较缓慢或不能进行的反应能够得以进行，从而能开发出各种组成比的新材料。等离子体增强化学气相沉积与 CVD 的用途基本相同，可制取耐磨、耐蚀涂层，也可用来制备装饰涂层。

等离子体增强化学气相沉积按反应室获得电力的方法分，主要有直流法、射频法和微波法等。

① 直流等离子体化学气相沉积（DCPCVD）：利用直流电等离子体激活化学反应来进行气相沉积的技术，称为直流等离子体化学气相沉积。它在阴极侧成膜，此膜会受到阳极附近空间电荷所产生的强磁场的严重影响。用氩气稀释反应气体时薄膜中会进入氩气。图 5-6 是 DCPCVD 法的装置示意图。真空室为金属钟罩；工作台施加负高压（0~3000V），构成辉光放电的阴极；真空室接地，构成阳极。反应气体净化后通入反应室。

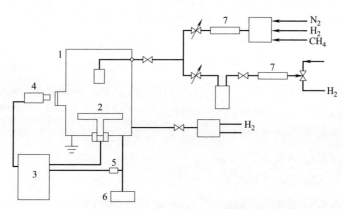

图 5-6　DCPCVD 法的装置示意图
1—真空室；2—工作台；3—电源和控制系统；4—红外测温仪；
5—真空计；6—机械泵；7—气体净化器

② 射频等离子体化学气相沉积（RFPCVD）：利用射频辉光放电产生的等离子体激活化学反应来进行气相沉积的技术，称为射频等离子体化学气相沉积。其供应射频功率的耦合方式大致分为电感耦合方式和电容耦合方式。当采用管式反应腔

时，电极置于石英管的外面，在放电中电极不发生腐蚀，无杂质污染，需要调整基材位置和外部电极位置。它结构简单，成本低，但不适合于大面积基片的均匀沉积和工业化高效率生产。射频法可用来沉积绝缘薄膜。

③ 微波等离子体化学气相沉积（MPCVD）：用微波放电产生的等离子体激活化学反应来进行气相沉积的技术，称为微波等离子体化学气相沉积。微波等离子体中不仅含有比射频等离子体更高能量密度的电子和离子，还含有各种活性基团，可以实现沉积、聚合和刻蚀等各种功能。这项技术具有下列优点：可进一步降低基材温度，减少因高温生长造成的位错缺陷、组分和杂质的相互扩散；避免了电极污染；薄膜受等离子体的破坏小；更适合于低熔点和高温下不稳定化合物薄膜的制备；由于其频率很高，所以对系统内气体压力的控制可以大大放宽；也由于其频率很高，在合成金刚石时更容易获得晶态金刚石。

5.4 气相沉积在新能源领域的应用

5.4.1 太阳能电池的生产

目前，制造太阳能电池的材料仍以硅为主。已经开发的薄膜太阳能电池主要有非晶硅（a-Si:H）薄膜太阳能电池和微（多）晶硅薄膜太阳能电池。

非晶硅薄膜太阳能电池与微（多）晶硅薄膜太阳能电池的制作方法完全不同：工艺过程大大简化，硅材料消耗很少，电耗更低，成本低，重量轻，转换效率较高，便于实现大面积及连续自动化大量生产。非晶硅（a-Si:H）薄膜制备方法有很多，其中包括反应溅射法、等离子体增强化学气相沉积（PECVD）法、低压化学气相沉积法。目前，普遍采用的是 PECVD 法：将石英容器抽成真空，充入氢气或氩气稀释 SiH_4，用等离子体辉光放电加以分解，产生包含带电粒子、中性粒子、活性基团和电子等的等离子体，它们在带有 TCO（透明导电氧化物）膜的玻璃衬底表面发生化学反应形成 a-Si:H 膜。

多晶硅薄膜太阳能电池是近年来太阳能电池研究的热点，它对长波段具有高光敏性，能有效吸收可见光且光照稳定性强，是目前公认的高效率、低能耗的理想材料。化学气相沉积制备多晶硅薄膜技术利用 $Si_2H_2Cl_2$、$SiHCl_3$、SiH_4 等和 H_2 的混合气体，在一定的压力、温度、气体配比等条件下反应分解，在衬底上快速沉积多晶硅薄膜。

5.4.2 锂离子电池负极材料的制备

在锂离子电池负极材料应用方面，硅基负极材料是已知的容量最高的负极材料，其中硅纳米薄膜负极材料主要的制备方法有化学、气相沉积、射频磁控溅射、电子束加热蒸镀等。

利用化学气相沉积的方法可制备厚度约 50 nm 的硅纳米薄膜负极材料。当电压范围为 0.2～3V 时，该材料在 80 次循环以后依然保持 3000mAh·g^{-1} 以上的容量。

采用电子束加热蒸镀的方法可制备多层 Fe/Si 纳米薄膜负极材料，即在硅薄膜的表面蒸镀多层 Fe 的薄膜。通过优化 Fe/Si 层叠方式，该复合薄膜材料能够输出 5000mAh·cm^{-2} 以上的可逆容量；而且在前 50 次充放电循环中可逆容量几乎没有衰减。

复习思考题

① 请说明物理气相沉积的原理和分类。
② 请说明化学气相沉积的原理及特点。
③ 请说明等离子体增强化学气相沉积（PECVD）法的原理和特点。
④ 请列举新能源领域中应用的气相沉积工艺方法。

第6章 电镀和化学镀

6.1 电镀

电镀是指在含有欲镀金属的盐类溶液中,在直流电的作用下,以被镀基体金属为阴极,以欲镀金属或其他惰性导体为阳极,通过电解作用,在基体表面上获得结合牢固的金属膜的表面工程技术。

电镀的目的是改善基体材料的外观,赋予材料表面各种物理化学性能,如耐蚀性、装饰性、耐磨性、钎焊性,以及导电、磁、光学性能等。

电镀具有工艺设备简单、操作方便、加工成本低、操作温度低等特点,是表面工程技术中最常用的方法之一。

6.1.1 电镀的基本原理

电镀反应是一种典型的电解反应,最典型的电镀槽及槽中离子的运动方向见图6-1。电镀槽中有两个电极:一般工件作为阴极,以镀层金属或其他惰性导体为

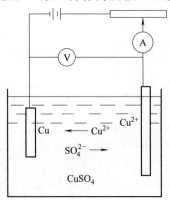

图 6-1 典型的电镀槽及离子运动方向

阳极。电源接通后便在两极间建立起电场，在电场作用下金属离子或络离子向阴极迁移，并在靠近阴极表面处形成所谓的双电层，此时阴极附近离子浓度低于远离阴极区域的离子浓度，从而导致离子的远距离迁移。金属离子或络离子释放掉络合物，通过双电层而到达阴极表面，放电发生还原反应，生成金属原子。

电镀是在外加电流的作用下，从镀液内部扩散到电极和镀液界面的金属离子 Me^{n+} 在阴极表面获得 n 个电子 e^-，被还原为金属 Me 并沉积于其表面的过程，即发生如下化学反应：

$$Me^{n+} + ne^- \longrightarrow Me \tag{6-1}$$

一般来说，阴极上金属电沉积的过程是由下列步骤组成的：

① 传质步骤：在金属电沉积时，阴极表面附近的金属离子参与阴极反应并迅速消耗，形成了从阴极到阳极，金属离子浓度逐渐增大的浓度梯度；在电解液中的预镀金属的离子或它们的络离子由于这个浓度梯度（浓度差）而在溶液内部以电迁移、扩散和对流的方式向阴极（工件）表面或表面附近迁移。

② 表面转化步骤：金属离子或其络离子在电极表面上或表面附近的液层中发生还原反应，如络离子配位体的变换或配位数的降低。

③ 电化学步骤：金属离子或络离子在阴极上得到电子，还原成金属原子。

④ 新相生成步骤：生成新相，包括晶核的形成和生长。

镀层按镀层的性能分为三类：

① 防护性镀层：锌及锌合金、镉等。在大气或其他环境下，可延缓基体金属腐蚀。

② 防护装饰性镀层：多层镍＋铬、钢＋镍＋铬、铜＋锡＋铬、镍＋铜＋镍＋铬等。在大气环境中，既可减缓基体金属的腐蚀，又起到装饰作用。

③ 功能性镀层：功能性镀层是能明显改善基体金属的某些特性的镀层。它包括：耐磨镀层，如镀硬铬；减摩镀层，如铅-锡合金；导电镀层，如银、金、金-钴合金等；导磁镀层，如镍-铁合金、镍-钴合金、镍-磷合金等；钎焊性镀层，如锡-铅合金、锡-铈合金等。

电镀层必须满足的三个条件：与基体金属结合牢固，附着力好；镀层完整，结晶细致，孔隙少；镀层厚度分布均匀。

6.1.2 电镀溶液的基本组成

目前，工业化生产上使用的电镀溶液（简称镀液）大多是水溶液，在有些特殊情况下也使用有机溶液或熔盐镀液。在水溶液和有机溶液中进行的电镀称为湿法电镀，在熔融盐中进行的电镀称为熔融盐电镀。

欲镀金属不同，镀液成分也不相同；即使同一析出金属的电镀，镀液成分和含量也不尽相同。电镀溶液组分构成：析出金属的易溶于水的盐类，称为主盐，它们可以是单盐、络合盐等；能与析出的金属离子形成络盐的成分；能提高镀液导电性的盐类；能保持溶液的 pH 值在要求范围内的缓冲剂；有利于阳极溶解的助溶阴离子；影响金属离子在阴极上的析出的添加剂。

电镀溶液最常用的性能参数包括电流效率、分散能力、深镀能力等，对装饰性要求较高的镀种还要考虑其整平能力。在特定条件下镀液使镀件表面镀层分布更加均匀的能力被称为分散能力。镀液的分散能力仅就宏观而言。在微观上，镀液所具有的能使镀层的轮廓比基体表面更平滑的能力被称为整平能力。

为了提高镀液的性能，一般可以在镀液中加入添加剂，包括光亮剂、整平剂、去应力剂等。不同镀种、同一镀种的不同镀液使用的添加剂有很大差异，应根据要求进行选择。

6.1.3　电镀的实施方式

在工业化生产中，电镀的实施方式多种多样，最常见的有挂镀、滚镀、刷镀和高速连续电镀等。挂镀主要适用于外形尺寸较大的零件，滚镀主要适用于尺寸较小、批量较大的零件，刷镀一般用于局部修复，而连续电镀则用于线材、带材、板材的大批量生产。

(1) 挂镀

挂镀是电镀生产中最常用的一种方式。挂镀是将零件悬挂于用导电性能良好的材料制成的挂具上，然后浸没于欲镀金属的电镀溶液中作为阴极，在两边适当的距离放置阳极，通电后使金属离子在零件表面沉积的一种电镀方法。挂镀的工作原理如图 6-2 所示。

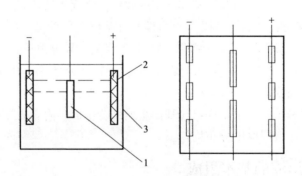

图 6-2　挂镀的工作原理
1—工件；2—阳极；3—镀槽

挂镀的特点是：适合于各类零件的电镀；电镀时单个工件电流密度较高且不会随时间而变化，槽电压低，镀液温升慢且带出量小，镀件的均匀性好；但劳动生产率低，设备和辅助用具维修量大。

挂镀的主要设备包括镀槽、电源、挂具等。根据镀液的性质，镀槽一般采用钢板、钢板衬 PVC、PVC、PP 等材料制成。镀槽的大小应适合需加工的最大工件的生产。根据镀种要求，挂镀所用电源应具备稳压或稳流、过流保护、短路保护等功能。挂具一般用铜或其合金材料制成，其形状和形式由受镀工件的外形决定。

（2）滚镀

滚镀是将欲镀零件置于多边形的滚筒中，依靠零件自身的重量来接通阴极，在滚筒转动的过程中实现金属电沉积。

与挂镀相比，滚镀最大的优点是：节省劳动力，提高生产效率；设备维修费用少且占地面积小；镀件镀层的均匀性好。但是，滚镀的使用范围受到限制，镀件不宜太大和太轻；单个工件电流密度小，电流效率低；槽电压高，镀液温升快，镀液带出量大。滚镀常用设备包括镀槽、滚桶、电源等。滚镀所用镀槽与挂镀基本相同。滚镀的工作方式和滚筒结构如图 6-3 所示。

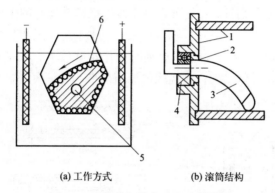

(a) 工作方式　　　　(b) 滚筒结构

图 6-3　滚镀的工作方式和滚筒结构

1—滚筒壁；2—衬里；3—导电触头；4—轴承；5—导电阴极；6—受镀工件

（3）刷镀

刷镀技术采用专用的直流电源设备。如图 6-4 所示，电源的正极接镀笔，作为刷镀时的阳极；电源的负极接工件，作为刷镀时的阴极。刷镀时使浸满镀液的镀笔

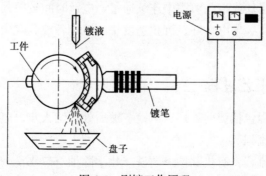

图 6-4　刷镀工作原理

以一定的相对运动速度在工件表面上移动,并保持适当的压力。在镀笔与工件接触的部位,镀液中的金属离子在电场力的作用下扩散到工件表面,并在工件表面获得电子而被还原成金属原子,这些金属原子在工件表面沉积结晶,形成镀层。

由于镀笔与工件有相对运动,散热条件好,在使用大电流密度刷镀时,不易使工件产生过热现象。镀笔的移动限制了晶粒的长大和排列,因而镀层中存在大量的超细晶粒和高密度的位错,这是镀层强化的重要原因。镀液能随镀笔及时送到工件表面,大大缩短了金属离子扩散过程,不易产生金属离子贫乏现象。加上镀液中金属离子含量很高,允许使用比槽镀大得多的电流密度,因而镀层的沉积速度快。刷镀使用手工操作,方便灵活,尤其对于复杂型面,凡是镀笔能触及的地方均可镀上,非常适用于大设备的不解体现场修理。

(4) 连续电镀

连续电镀主要用于薄板、金属丝或带的电镀,在工业上有着极其重要的地位。镀锡钢板、镀锌薄板和钢带、电子元器件引线、镀锌铁丝等的生产都采用连续电镀技术。连续电镀有三种进行方式:垂直浸入式、水平运动式和盘绕式。其工作原理见图6-5。垂直浸入式节省空间,但启动时操作难度较大;水平运动式操作方便,但设备占地面积大,维修量大;盘绕式占地面积小,但一次只能加工一根金属丝。

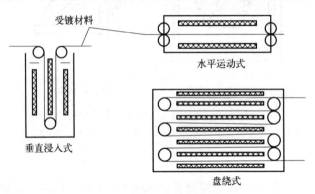

图6-5 连续电镀的工作方式

连续电镀时金属丝或带在镀槽中连续通过,电镀时间较短。因此,要求镀液允许使用的电流密度高、导电性好、沉积速度快、镀液各成分变化不显著和对杂质不敏感等。

6.1.4 电镀的工艺过程

电镀的工艺过程包括镀前处理、电镀、镀后处理三大步。电镀工艺基本上都执行标准流程或简化流程。

镀前处理标准流程:有机除油→清洗→化学除油→热水洗→水洗→酸蚀除锈→水洗→电解除油→热水洗→水洗→转电镀流程。实际操作中会因产品和镀种不同而有所调整，对于有严格镀前处理要求的产品，还会增加超声波除油或除油前的磨光等工序。

电镀标准流程：活化→水洗（或不水洗）→电镀→回收→热水洗→水洗→转后处理流程。镀前活化是必不可少的工序，所用的活化液多数是1%～3%的稀硫酸；如果其后面电镀工艺用的是硫酸盐，如硫酸盐镀铜、镀锡、镀镍等，可以不用水洗就进入电镀槽电镀。

镀后处理则关系到镀层的防护性和装饰性效果。后处理标准流程：水洗→后处理→水洗→热水洗→去离子水洗→干燥→转检验和包装流程。后处理流程中的后处理指钝化、防变色、防指纹处理，不包括涂装处理或电泳处理。

> 补充知识：电镀镍。
>
> 为适应耐蚀性、力学性能、物理性能和装饰性等各方面的需要，开发了各种类型的电镀镍溶液。生产上应用的主要电镀镍工艺如下：
>
> a. 电镀普通镍（电镀暗镍）：镀液主要成分是硫酸镍、氯化钠、硼酸；如果用氯化镍代替氯化钠，即称为瓦特镀液。低浓度的普通镀液主要用于镍-铜-镍-铬镀层体系中的预镀镍，高浓度镀液主要用于电镀厚镍或电铸镍。
>
> b. 电镀光亮镍：在普通镀液中加入光亮剂就成为电镀光亮镍的镀液。由于电镀光亮镍可以省去传统的抛光工序，可显著地简化生产工艺，明显地提高生产率，因而在电镀镍工艺中应用最广。
>
> c. 电镀双层镍及三层镍：双层镍利用两个镀层之间存在较大的电势差（一般须保持在120mV以上）的特点，使电势较低的光亮镍层成为阳极而产生层间腐蚀，从而延缓向基体方向的腐蚀速度，起到电化学保护作用。在半光亮镍层上先冲击镀一薄层高硫镍，再在高硫镍上镀光亮镍层，就成为三层镍。三层镍具有比双层镍更大的电势差，因而耐蚀性比双层镍更好。

6.2 化学镀

化学镀又称无电镀，它是在无外加电流的状态下，借助合适的还原剂，使镀液中的金属离子还原成金属，并沉积到零件表面的一种镀覆方法。

6.2.1 化学镀的原理与溶液的构成

（1）化学镀的原理

在化学镀中，溶液内的金属离子是依靠由还原剂提供的电子而还原成相应的金属的。化学镀有三种方式：

① 还原沉积：利用还原剂被氧化时释放出的自由电子，把金属沉积在金属镀件表面。其反应过程可表述为：

$$Me^{n+} + Re \longrightarrow Me + OX \qquad (6\text{-}2)$$

式中，Me^{n+} 为被沉积的金属离子；Re 表示还原剂；OX 表示氧化剂。

一般意义上的化学镀主要是指这种还原沉积化学镀。它只在具有催化作用的表面上发生。如果沉积金属（如镍、铜等）本身就是反应的催化剂，该化学镀过程就称为自催化化学镀，它可以得到所需的镀层厚度。对于不具有自动催化表面的塑料、玻璃、陶瓷等非金属制件，通常要经过特殊的预处理，使其表面活化而具有催化作用，方能进行化学镀。

② 接触沉积：利用电位比被镀金属高的第三金属与被镀金属接触，让被镀金属表面富集电子，从而将沉积金属在被镀金属表面还原。

③ 置换沉积：被镀金属的电位比沉积金属负，将沉积金属离子从溶液中置换在工件表面上。其化学反应式可表述为：

$$Me_1 + Me_2^{n+} \longrightarrow Me_2 + Me_1^{m+} \qquad (6\text{-}3)$$

式中，Me_1 为被镀金属；Me_2^{n+} 为被沉积的金属离子。

溶液中金属离子被还原的同时，伴随着基体金属的溶解；当基体金属表面被完全覆盖时，反应即自动停止。所以，采用这种方法得到的镀层非常薄。

(2) 化学镀溶液的构成

由于在化学镀过程中，还原剂参与了整个化学沉积过程，并有少量沉积于镀层中，因而对镀层的性能有着显著的影响。因此，还原剂除应具有较强的还原作用外，还应不使催化剂中毒。表 6-1 为化学镀溶液的基本构成。

表 6-1 化学镀溶液的基本构成

成分	作用	实例
金属盐	提供被沉积的金属离子	硫酸盐,氯化物,醋酸盐,有机酸盐等
还原剂	还原金属离子,是化学镀的驱动力	Ni、Co 用次磷酸钠、硼化氢；Cu 用甲醛；Ag、Au 用蔗糖等
络合剂	防止产生金属氢氧化物沉淀,在酸性溶液中控制反应速度、防止自然分解	乳酸、丙二酸、EDTA、二乙醇胺、三乙醇胺等
pH 值调节剂	调节 pH 值,控制反应速度	KOH、NaOH、无机酸、有机酸
缓冲剂	防止溶液工作中 pH 值波动	H_3BO_3、CH_3COOH、无机弱碱盐
稳定剂	防止自然分解,延长使用寿命	Pb^{2+}、Sn^{2+}、MoO_3、尿素、硫脲、氰化物、苯骈三氮唑等含 N、含 S 的杂环化合物
改善剂	改善镀层性质,增加光泽等	在表面活性物质中选择,依化学镀金属种类而异

6.2.2 化学镀的优缺点

与电镀相比，化学镀的优点是：不需要外加直流电源、不存在电力线分布不均匀的影响，因而无论工件的几何形状多复杂，各部位镀层的厚度都是均匀的；只要经过适当的预处理，可以在金属、非金属、半导体材料上直接镀覆；得到的镀层致密，孔隙少，硬度高，因而具有极好的化学和物理性能。

缺点是溶液稳定性差，使用温度高，寿命短，镀覆成本高。

随着科技的发展，化学镀的缺点正逐步得到改善，如：使用低温高速长效型的镀液体系，通过气体或超声波搅拌以及精密过滤提高镀液稳定性，采用物理手段如外加磁场、紫外线照射、脉冲电流辅助、激光等强化化学镀过程并提高镀层性能。

6.2.3 化学镀的类型

(1) 化学镀镍

化学镀镍是化学镀工业中应用最广泛的镀种之一，如在制造计算机的记忆元件时先对元件电镀银-钴合金，再化学镀镍，从而形成表面磁性镀层。化学镀镍层结晶细致，孔隙率低，硬度高，磁性好。

化学镀镍是把具有催化活性表面的工件浸在含有镍离子和适当的还原剂﹛例如次磷酸钠（NaH_2PO_2）、硼氢化钠（$NaBH_4$）、二甲基胺硼烷［$(CH_3)_2HNBH_3$］、肼（N_2H_4）﹜的溶液中，在一定温度下进行的。采用次磷酸盐作还原剂的化学镀镍层一般含有质量分数为 4%～12% 的磷，人们习惯称之为化学镀镍-磷合金镀。由于硼氢化钠和二甲基胺硼烷价格较贵，因而使用较少，国内生产上大多采用次磷酸钠作还原剂。

化学镀镍溶液中除还原剂外，也加入某些镍离子的络合剂、缓冲剂、稳定剂、加速剂、润湿剂等。化学镀镍溶液的组成及其功能如表 6-2 所示。

表 6-2 化学镀镍溶液的组成及其功能

组成	功能	例子
金属离子	金属源	氯化镍；硫酸镍；醋酸镍
次磷酸盐离子	还原剂	次磷酸钠
络合剂	避免溶液中简单镍离子浓度过高；避免磷酸盐沉淀；稳定溶液；作为 pH 缓冲剂	一元羧酸；二元羧酸；羟羧酸；氨；醇胺等
加速剂	活化还原剂；加速镍沉积；作用方式与稳定剂和络合剂相反	某些一元羧酸和二元羧酸阴离子；氟盐；硼酸盐
稳定剂	通过屏蔽催化活性核心来避免溶液分解	硫代硫酸盐、硫脲、钼酸盐、铅离子、镉离子等
缓冲剂	长期控制 pH 值	某种络合剂的钠盐（取决于所使用的 pH 值范围）
pH 调节剂	连续调节 pH 值	硫酸、盐酸、苏打、苛性钠和氨
润湿剂	增加工件表面的润湿性	离子性和非离子性表面活性剂

(2) 化学镀铜

化学镀铜主要用于非导体材料的金属化处理。化学镀铜也是自催化还原反应，以甲醛为还原剂，溶液的 pH 值在 11 以上，可获得足够厚的铜层。

此外，作为中间产物，在化学镀铜过程中铜的还原反应中还有一价铜盐生成，而稳定性极差的一价铜盐会发生歧化反应（自身氧化-还原反应），生成金属铜粉末。一价铜盐在水中的溶解度很小，并容易以氧化亚铜的形式与金属共沉积，夹杂于镀层中，导致铜层的机械强度、导电性、延展性等物理性能下降。

(3) 化学镀钯

钯的催化活性较强，可以用肼、次磷酸盐作还原剂进行自催化沉积。化学镀钯可以在铜、黄铜、金、钢或化学镀镍层上自发地进行。用次磷酸盐作还原剂的化学镀钯层含有质量分数约 1.5% 的磷，硬度为 165HV。

6.3　电镀和化学镀在新能源材料成型中的应用

(1) 新能源电池壳镀镍处理

新能源电池封装形式，可以分为圆柱、方形和软包。圆柱电池在电芯一致性、生产良率、机械强度等方面具有优势。圆柱电池多采用钢材作为外壳材质，需要进行镀镍处理以防止钢材发生氧化并提高可焊接性，大圆柱壳体材料则需由后镀镍转换为预镀镍钢基带。

新能源锂电池常用的外壳材料通常分为四种类型：塑料壳、铝壳、钢壳以及镀镍钢壳。根据镀镍环节所处顺序的不同，电池钢壳的制备工艺主要有滚镀和预镀。

滚镀电池钢壳是国内传统的电池钢壳生产工艺：将大量未经电镀工艺处理却已经冲压成形的电池钢壳放入专用的滚筒中，同时滚筒在滚动的状态下，通过与电池钢壳接触产生通路，使电池钢壳在表面形成一层金属镀层。通过滚镀方法制备电池钢壳，有劳动效率高且生产成本低的优点。

预镀镍钢壳是一种新型的制备镀镍钢壳的生产工艺：首先对低碳钢带进行电镀工艺，使低碳钢带表面获取一层或多层的均匀金属镀镍层；然后对预镀镍钢带进行多次冲床冲压成形，制成电池钢壳。预镀镍工艺的优点是：通过工艺改进可以获取较为均匀的镀层，不会出现漏镀和镀层厚度不均匀现象；制作工艺操作简单，适合大规模生产；有较好的环境友好性，可以对预镀镍工艺带来的环境污染问题进行较好的处理。预镀镍工艺在电池壳领域应用比例较大。

(2) 铜电镀硅基异质结太阳能电池

2011 年，日本企业钟渊（Kaneka）在比利时微电子研究中心（IMEC）铜电镀技术的基础上成功研发出高效铜电镀硅基异质结太阳能电池，以"铜"代"银"，是一种完全无银化的颠覆性降本技术，解决异质结电池银浆成本高的"痛点"。该技术在基体金属表面通过电解方法沉积金属铜来制作铜栅线，进而收集光伏效应产生的载流子。

（3）钯膜

氢能作为一种清洁的新型能源，其生产、纯化和储存技术成为研究的热点。钯膜及钯复合膜具有较高的氢气渗透选择性、良好的力学性能和热稳定性等优点，被广泛用于氢气的纯化和膜反应器的制备中。钯膜反应器泛指由钯或钯合金膜组成，并将分离功能纳入反应系统中的反应器，集分离功能与催化功能于一体，在加氢、脱氢、氢转移（耦合反应）等反应中表现出传统反应器所不具有的独特性能。钯膜反应器作为一种新型的反应器形式，越来越多地应用于制氢领域。

化学镀方法制备钯膜的原理是亚稳金属盐络合物在目标表面上进行有控制的自催化分解或还原反应，一般用氨络合物，如 $Pd(NH_3)_4(NO_2)_2$、$Pd(NH_3)_4Br_2$ 或 $Pd(NH_3)_4Cl_2$，可在有肼或次磷酸钠等还原剂存在的条件下沉积薄膜。

复习思考题

① 请说明电镀的基本原理。
② 请说明电镀的实施方式。
③ 与电镀相比，化学镀有哪些特点？
④ 请简述锂电池壳体预镀镍工艺过程。

第7章 塑料成型

7.1 塑料成型理论基础

聚合物是塑料成型加工的主要对象,是塑料的主要成分,决定了制品的性能和使用范围。

7.1.1 聚合物的分子结构、性质及聚集态结构

(1) 聚合物的分子结构

聚合物是由数十乃至数十万个排列有序的单晶体重复单元在适当条件(一定的压力、温度等)下聚合而成的一种结构形体。聚合物中结构形式非常简单的聚乙烯(PE)分子模型如图7-1所示。

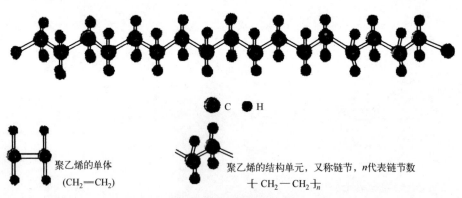

图7-1 聚乙烯分子模型

如果聚合物的分子链呈不规则的一根根线状(或者团状),则称为线型聚合物,如图7-2(a)所示,由于大分子间相互独立,故在溶剂中或在加热熔融状态下可以彼此分离开来。如果在大分子的链之间还有一些短链把它们连接起来,成为立体结

构,则称为体型聚合物,如图7-2(b)所示,由于没有独立的大分子,因而也没有相对分子质量的概念,只有聚合度的概念。此外,还有一些聚合物的大分子主链上带有一些或长或短的小支链,整个分子链呈枝状,如图7-2(c)所示,称为带有支链的线型聚合物或支链型聚合物。

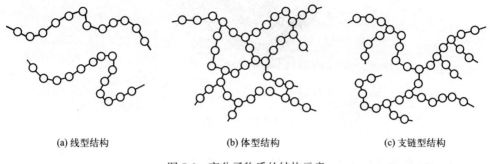

(a) 线型结构　　　　　　(b) 体型结构　　　　　　(c) 支链型结构

图 7-2　高分子物质的结构示意

(2) 聚合物的性质

聚合物的分子结构不同,其性质也不同。

a. 线型和支链型聚合物的物理特性为:具有弹性和塑性;在适当的溶剂中可溶解;当温度升高时,则软化至熔化状态而流动,可以反复成型,这样的聚合物具有热塑性。

b. 体型聚合物的物理特性是:脆性大、弹性较高、塑性很低;成型前是可溶和可熔的,而一经硬化成型(化学交联反应)后,就成为不溶且不熔的固体,即便在更高的温度下(甚至被烧焦炭化)也不会软化,因此,又称这种材料具有热固性。

(3) 聚合物的聚集态结构

聚合物由于分子特别大且分子间引力也较大,容易聚集为液体或固体,而不形成气态。固体聚合物的结构按照分子排列的几何特征,可分为结晶型和非结晶型(或无定形)两种。

若分子链按照三维有序的方式聚集在一起,一般可形成晶态结构。以晶态结构为主的聚合物,称为结晶型聚合物,如高密度聚乙烯、聚酰胺等。若分子链取无规线团构象,杂乱无序地交叠在一起,则易形成非晶态结构。非晶态或以非晶态结构占绝对优势的聚合物称为非结晶型(或无定型)聚合物,如聚氯乙烯、聚甲基丙烯酸甲酯等。

由于聚合物大分子链结构的复杂性,不可能从头至尾保持一种规整结构,结晶体聚合物中总会存在一定的无定型区,如图7-3所示,所以聚合物是不可能完全结晶的,仅有有限的结晶度,而且结晶度随聚合物结晶的过程不同而不同。

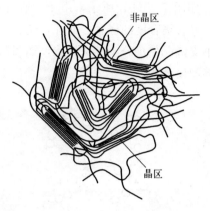

图 7-3　结晶型聚合物的晶区和非晶区示意图

7.1.2　聚合物材料的加工方法和加工性能

聚合物在不同的条件（如力、热等）下可以表现出不同的状态，包括玻璃态（对于结晶聚合物，则为结晶态）、高弹态（即橡胶态）和黏流态。聚合物可从一种聚集态转变为另一种聚集态。聚合物的分子结构、聚合物体系的组成、所受应力和环境温度等，是影响聚集态转变的主要因素。在聚合物及其组成一定时，聚集态的转变主要与温度条件有关。聚合物所处的聚集态不同，所表现出来的性能也不同，这些性能在很大程度上决定了聚合物对成型加工技术的选择。特别地，由于线型聚合物的聚集态是可逆的，因此线型聚合物材料的加工性更为多样化。图 7-4 以线型聚合物的模量-温度曲线说明聚合物聚集态与加工方法的关系。

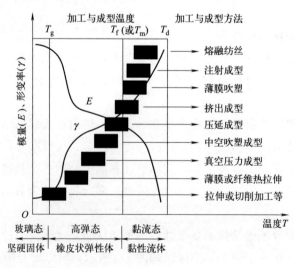

图 7-4　线型聚合物的聚集态与加工方法的关系示意图

7.1.3 非晶态聚合物的热力学性能

聚合物的物理、力学性能与温度密切相关。温度变化时，聚合物的受力行为发生变化，呈现出不同的物理状态，表现出分阶段的力学性能特点。聚合物在受热时的物理状态和力学性能对塑料的成型加工有着非常重要的意义。

对某一非结晶型聚合物试样施加一恒定外力，观察试样在等速升温过程中发生的形变与温度的关系，可得到该聚合物试样的温度-形变曲线（或称热-机械曲线），如图 7-5 所示。

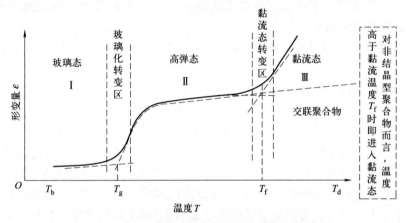

图 7-5　线型非结晶型聚合物试样的温度-形变曲线

图 7-5 显示，非结晶型聚合物在受热过程中呈现三种状态，即玻璃态、高弹态、黏流态，并经历两个连续的温度转变区，即玻璃化转变区和黏流态转变区。

(1) 四个重要的特征温度

① 脆化温度 T_b。脆化温度是聚合物材料在受力作用时，从韧性断裂转为脆性断裂的温度，是聚合物低温性能的一种量度（以具有一定能量的重锤冲击试样，当试样开裂概率达到 50% 时的温度，也称为脆折点）。当聚合物在 T_b 温度以下受力时，易发生断裂破坏，它是材料使用的下限温度。

② 玻璃化温度 T_g。玻璃化温度是非结晶型聚合物分子链段运动开始发生（或被冻结）的温度，又是聚合物从高弹态（橡胶态）向玻璃态转变（或相反转变）的温度范围（称为玻璃化转变区）的近似中点。该温度是非结晶塑料的耐热性指标，是材料的最高使用温度。

③ 黏流温度 T_f。黏流温度是非结晶型聚合物从高弹态向黏流态转变（或相反转变）的温度，也是这类聚合物材料成型加工的最低温度。只有当聚合物材料发生黏性流动时，才可能随意改变其形状。因此，黏流温度的高低，对聚合物材料的成型加工有很重要的意义。

④ 分解温度 T_d。分解温度是聚合物材料开始发生降解等化学变化的温度，是

聚合物材料的最高成型温度。

(2) 受热过程中的三种状态

① 玻璃态。玻璃态塑料所处温度较低，分子能量很小，链段运动被冻结，材料的变形主要体现在分子内原子间距（键长）或键角的微观改变，即在其平衡位置上发生位移。因此，聚合物在外力作用下的形变小，当除去外力后，形变马上消失而恢复原状，即具有胡克弹性行为，这种可逆形变称为普弹形变。此阶段聚合物的主价键和次价键所形成的内聚力，使材料具有相当大的力学强度，表现为质硬而脆，具有类似玻璃的易碎特性和较高的弹性模量。因这种力学状态与无机玻璃相似，故称为玻璃态。玻璃态聚合物无法进行较大变形的成型，但可进行车、铣、刨、磨、锯等机械加工。

② 高弹态。温度升高，链段运动逐渐"解冻"，形变逐步增大；当温度继续升高到高于 T_g 后，链段运动得以充分发展，形变发生突变，材料进入Ⅱ区，如图7-5所示。这时即使在较小的外力作用下，也能迅速产生很大的形变，而弹性模量减小很多；但因整个大分子间并未发生相对位移，所以当除去外力后，形变又可逐渐恢复。聚合物的这种特性称为高弹性（即可逆的弹性形变），相应的力学状态称高弹态。在 $T_g \sim T_f$，温度区间靠近 T_f 一侧，由于聚合物黏性很大，可进行某些材料的压延和弯曲成型等。但达到高弹形变的平衡值与完全恢复形变很难瞬间完成，所以，高弹形变有时间依赖性，应充分考虑到加工中的可逆形变，否则难以得到符合形状尺寸要求的制品。将制品温度迅速冷却到 T_g 以下是这类聚合物材料加工成型的工艺关键。

③ 黏流态。高弹态继续升高温度，使其达到黏流温度 T_f 时，聚合物开始转变为黏流态（这种液体状态的聚合物又称为熔体）。此时，材料在 T_f 以上不高的温度范围内表现出类橡胶流动行为，这一转变区域常用来进行压延成型和吹塑成型等。进一步升高温度，使聚合物吸收更多的能量，其链段运动加剧，以致整个分子链质量中心发生相对位移，这时聚合物熔体形变的特点是不大的外力就能引起宏观流动，且形变中主要是不可逆的黏性形变（这种不可逆特性称为可塑性）。该温度范围常用来进行熔融纺丝、注射、挤出等加工。再升高温度，则会使聚合物的黏度大大降低、流动性过大，容易引起注射成型中溢料，挤出制品的形状扭曲、收缩等现象。当温度高到分解温度 T_d 时还会引起聚合物分解，导致产品物理、力学性能降低或外观不良等，因此 T_d 也是聚合物材料进行成型加工的重要参考温度，生产中应予以有效控制。

7.2 塑料的组成和分类

7.2.1 塑料的组成

成型用的塑料一般都是由合成树脂和各种助剂（添加剂）组成的混合体系。塑料以合成树脂为主要成分,因此合成树脂决定了塑料制品的基本性能,其作用是将各种添加剂黏结成一个整体。添加剂是为改善塑料的成型工艺性能、改善制品的使用性能或降低成本而加入的一些物质。

(1) 合成树脂

合成树脂是由低分子有机物经化学聚合反应形成的高分子有机化合物,如聚乙烯、聚氯乙烯、酚醛树脂等。合成树脂受热软化后,可将塑料的其他组分加以黏合,并决定塑料的主要性能,如物理性能、化学性能、力学性能及电性能等。塑料中的合成树脂含量为 $40\%\sim100\%$。

(2) 添加剂

塑料材料所使用的添加剂品种很多,如填充剂、增塑剂、着色剂、稳定剂、固化剂、抗氧剂和其他添加剂。

① 填充剂。填充剂又称填料。填充剂与塑料中的其他成分机械混合,与合成树脂牢固胶黏在一起,但它们之间不起化学反应。常用的填充剂有木粉、纸浆、云母、石棉、玻璃纤维等。

填充剂在塑料中的作用有两个:一是减少合成树脂用量,降低塑料成本;二是改善塑料某些性能,扩大塑料的应用范围。在许多情况下,填充剂所起的作用是很大的,例如:聚乙烯、聚氯乙烯等合成树脂中加入木粉后,既克服了它的脆性,又降低了成本;用玻璃纤维作为塑料的填充剂,能使塑料的力学性能大幅度提高;而用石棉作填充剂则可以提高塑料的耐热性。有的填充剂还可以使塑料具有合成树脂所没有的性能,如导电性、导磁性、导热性等。塑料中的填充剂含量一般为 $20\%\sim50\%$,这是塑料制件品种多、性能各异的主要原因之一。

② 增塑剂。增塑剂是能与树脂相溶的、低挥发性的高沸点有机化合物,其作用是降低聚合物分子间的作用力,使树脂高分子容易产生相对滑移,从而使塑料在较低的温度下具有良好的可塑性和柔软性,改善其成型性能,降低刚性和脆性。例如,聚氯乙烯树脂中加入邻苯二甲酸二丁酯,可变为像橡胶一样的软塑料。但增塑剂在改善塑料成型加工性能的同时,有时也会降低树脂的某些性能,如塑料的稳定性、介电性能和机械强度等。因此,在塑料中应尽可能地减少增塑剂的含量,大多数塑料一般不添加增塑剂。

对增塑剂的要求:与树脂有良好的相溶性;挥发性小,不易从塑件中析出;无毒、无色、无臭味;对光和热比较稳定;不吸湿。

常用的增塑剂有邻苯二甲酸二丁酯、邻苯二甲酸二辛酯、樟脑等。

③着色剂。为使塑件获得各种所需色彩,常常在塑料组分中加入着色剂。着色剂品种很多,但大体分为有机颜料、无机颜料和染料三大类。无机颜料热稳定性、光稳定性优良、价格低,但着色力相对差、密度大,如钠猩红、黄光硫靛红棕、颜料蓝、炭黑等;有机颜料着色力高、色泽鲜艳、色谱齐全、密度小,缺点为耐热

性、耐候性和遮盖力方面不如无机颜料，如铬黄、绛红镉、氧化铬、铅粉末等；染料是可用于大多数溶剂和被染色塑料的有机化合物、优点为密度小、着色力高、透明度好，但其一般分子结构小，着色时易发生迁移，如士林兰。

对着色剂的一般要求是：着色力强；与树脂有很好的相溶性；不与塑料中其他成分起化学反应；性质稳定，成型过程中不因温度、压力变化而分解变色，而且在塑件的长期使用过程中能够保持稳定。

④ 稳定剂。为防止塑料在热、光、氧和霉菌等外界因素的作用下产生降解和交联，在聚合物中添加的能够稳定其化学性质的添加剂称为稳定剂。对稳定剂的要求：对聚合物的稳定效果好，能耐水、耐油、耐化学药品腐蚀，并与树脂有很好的相溶性，在成型过程中不分解，挥发小，无色。在大多数塑料中都要添加稳定剂，塑料中稳定剂的含量一般为 0.3%～0.5%。

稳定剂根据所发挥的作用的不同，可分为热稳定剂、光稳定剂和抗氧化剂等。常用的稳定剂有硬脂酸盐类、铅的化合物、环氧化合物等。

a. 热稳定剂：主要作用是抑制和防止塑料成型过程中可能发生的热降解反应，保证塑料制件顺利成型并得到良好的质量。如有机锡化合物，常用于聚氯乙烯，无毒，但价格高。

b. 光稳定剂：防止塑料在阳光、灯光和高能射线辐照下出现降解和性能降低而添加的物质。其种类有紫外线吸收剂、光屏蔽剂等，苯甲酸酯类及炭黑等常用作紫外线吸收剂。

c. 抗氧化剂：防止塑料在高温下氧化降解的添加物。酚类及胺类有机物常用作抗氧化剂。

⑤ 固化剂。固化剂又称硬化剂，它的作用是促使合成树脂进行交联反应而形成体型网状结构，或加快交联反应速度。固化剂一般多用在热固性塑料中，如在酚醛树脂中加入六次甲基四胺、在环氧树脂中加入乙二胺或顺丁烯二酸酐等，此外在注射热固性塑料时加入氧化镁可促使塑件快速硬化。

此外，在塑料中还可加入一些其他添加剂，如发泡剂、阻燃剂、防静电剂、导电剂和导磁剂等。例如，阻燃剂可降低塑料的燃烧性；发泡剂可用于制造泡沫塑料；防静电剂可使塑件具有适量的导电性能以消除带静电的现象。并不是每一种塑料都要加入全部这些添加剂，而是依塑料品种和塑件使用要求，有选择地加入某些添加剂。

7.2.2 塑料的分类

塑料的品种很多，目前世界上已制造出大约 300 多种可加工的塑料原料（包括改性塑料），常用的有 30 多种。塑料分类的方式也很多，常用的分类方法有以下两种。

(1) 按塑料中树脂的分子结构和受热后性能分类

① 热塑性塑料。热塑性塑料中树脂的分子结构呈线型或支链型结构，此种聚

合物常称为线型聚合物。它在加热时可塑制成具有一定形状的塑件，冷却后保持已定型的形状。如再次加热，又可软化熔融，可再次制成具有一定形状的塑件。这一过程可反复多次进行，具有可逆性。由于热塑性塑料具有上述可逆特性，因此在塑料加工中产生的边角料及废品可以回收粉碎成颗粒后掺入原料中利用。

热塑性塑料又可分为结晶型塑料和无定形塑料两种。结晶型塑料一般都较耐热、不透明且具有较高的力学强度，而无定形塑料则与之相反。常用的聚乙烯、聚丙烯和聚酰胺（尼龙）等属于结晶型塑料；常用的聚苯乙烯、聚氯乙烯和ABS（丙烯腈-苯乙烯-丁二烯共聚物）等属于无定形塑料。

② 热固性塑料。热固性塑料在受热之初，其分子具有线型或支链型结构，同样具有可塑性和可熔性，可塑制成具有一定形状的塑件。当继续加热时，这些线型或支链型结构分子主链间形成化学键结合，逐渐变成网状结构（称为交联反应）。当温度升高到达一定值后，交联反应进一步进行，分子最终变为体型结构，成为既不熔化又不溶解的物质（称为固化）。当再次加热时，由于分子的链与链之间产生了化学反应，塑件形状固定下来不再变化，塑料不再具有可塑性，直到在很高的温度下被烧焦炭化，具有不可逆性。在成型过程中，既有物理变化又有化学变化。由于热固性塑料的上述特性，加工中的边角料和废品不可回收再利用。

热固性塑料的耐热性能比热塑性塑料好。常用的酚醛、三聚氰胺-甲醛、不饱和聚酯等均属于热固性塑料。

热塑性塑料常采用注射、挤出或吹塑等方法成型。热固性塑料常采用压缩成型，也可以采用注射成型。

(2) 按塑料用途分类

① 通用塑料。通用塑料指的是产量大、用途广、价格低、性能普通的一类塑料，通常用作非结构材料。世界上公认的六大类通用塑料有聚乙烯、聚丙烯、聚氯乙烯、聚苯乙烯、酚醛塑料和氨基塑料，其产量约占世界塑料总产量的80%以上，构成了塑料工业的主体。

② 工程塑料。工程塑料泛指一些具有能制造机械零件或工程结构材料等工业品质的塑料。除具有较高的机械强度外，这类塑料的耐磨性、耐腐蚀性、耐热性、自润滑性及尺寸稳定性等均比通用塑料优良。它们具有某些金属特性，因而在机械制造、轻工、电子、宇航、原子能等工程领域部门得到广泛应用。

目前工程上使用较多的塑料包括聚酰胺、聚甲醛、聚碳酸酯、ABS、聚砜、聚苯醚、聚四氟乙烯等，其中前四种发展最快，为国际上公认的四大工程塑料。

③ 特殊塑料（功能塑料）。特殊塑料是指具有某些特殊性能的塑料。这类塑料有高的耐热性或高的电绝缘性及耐腐蚀性等，如氟塑料、聚酰亚胺塑料、有机硅树脂等。特殊塑料还包括为某些专门用途而改性制得的塑料，如导磁塑料和导热塑料等。

7.3 塑料的工艺性能

与塑料成型工艺、成型质量有关的各种性能，统称为塑料的工艺性能。塑料的收缩性、流动性、相容性、热敏性和吸湿性等都属于它的成型工艺特性。

(1) 收缩性

塑料通常是在高温熔融状态下充满模具型腔而成型。当塑件从塑模中取出冷却到室温后，其尺寸会比原来在塑模中的尺寸减小，这种特性称为收缩性。它可用单位长度塑件收缩量的百分数来表示，即收缩率（S）。

由于这种收缩不仅是塑件本身的热胀冷缩造成的，还与各种成型工艺条件及模具因素有关，因此成型后塑件的收缩称为成型收缩。可以通过调整工艺参数或修改模具结构，改变塑件尺寸的变化情况。

塑件成型收缩率分为实际收缩率与计算收缩率。实际收缩率表示模具或塑件在成型温度下的尺寸与塑件在常温下的尺寸之间的差别，计算收缩率则表示在常温下模具的尺寸与塑件的尺寸之间的差别。计算公式如下：

$$S' = \frac{L_C - L_S}{L_S} \times 100\% \tag{7-1}$$

$$S = \frac{L_m - L_S}{L_S} \times 100\% \tag{7-2}$$

式中，S' 为实际收缩率；S 为计算收缩率；L_C 为塑件或模具在成型温度时的尺寸；L_S 为塑件在常温时的尺寸；L_m 为模具在常温时的尺寸。

因实际收缩率与计算收缩率数值相差很小，所以在普通中、小模具设计时常采用计算收缩率来计算型腔及型芯等的尺寸。而对大型、精密模具在设计时一般采用实际收缩率来计算型腔及型芯等的尺寸。

在实际成型时，不仅不同塑料品种的收缩率不同，而且同一品种塑料的不同批号，或同一塑件的不同部位的收缩值也常不同。一般塑件壁厚越大，收缩率越大；形状复杂的塑件的收缩率小于形状简单的塑件的收缩率；有嵌件的塑件因嵌件阻碍和激冷，收缩率减小。挤出和注射成型时塑模的分型面、加压方向、及浇注系统的结构形式、布局及尺寸等，直接影响料流方向、密度分布、保压补缩作用及成型时间，对收缩率及方向性影响很大。模具温度高，熔料冷却慢，密度高，收缩大。热固性塑料在成型过程中进行了交联反应，分子结构由线型转变为网状的体型结构，由于分子链间距的缩小，结构变得紧密，所以也会产生体积收缩。总之，影响塑料的成型收缩性的因素很复杂，要想改善塑料的成型收缩性，不仅在选择原材料时需慎重，而且在模具设计、成型工艺的确定等多方面也需要认真考虑，才能使生产出的产品质量更高、性能更好。

对精度高的塑件应选取收缩率波动范围小的塑料,并留有修模余地,试模后逐步修正模具,以达到塑件尺寸、精度要求。

(2) 流动性

在成型过程中,塑料熔体在一定的温度、压力下充填模具型腔的能力称为塑料的流动性。塑料流动性的好坏,在很大程度上直接影响成型工艺的参数,如成型温度、压力、周期、模具浇注系统的尺寸及其他结构参数。在决定塑件大小和壁厚时,也要考虑流动性的影响。

流动性的大小与塑料的分子结构有关,如具有线型分子而没有或很少有交联结构的树脂流动性大。塑料中加入填料,会降低树脂的流动性,而加入增塑剂或润滑剂,则可增加塑料的流动性。塑件合理的结构设计也可以改善流动性,例如在流道和塑件的拐角处采用圆角结构可改善熔体的流动性。

塑料的流动性对塑件质量、模具设计以及成型工艺影响很大。流动性差的塑料,不容易充满型腔,易产生缺料或熔接痕等缺陷,因此需要较大的成型压力才能成型。相反,流动性好的塑料,可以用较小的成型压力充满型腔。但流动性太好,会在成型时产生严重的溢料飞边。因此,在塑件成型过程中,选用塑件材料时,应根据塑件的结构、尺寸及成型方法选择具有适当流动性的塑料,以获得令人满意的塑件。此外,设计模具时应根据塑料流动性来考虑分型面和浇注系统及进料方向;选择成型温度时也应考虑塑料的流动性。

塑料流动性的测定采用统一的方法。对热塑性塑料通常有熔融指数测定法和螺旋线长度试验法。图 7-6 所示为熔体流动速率测试仪。

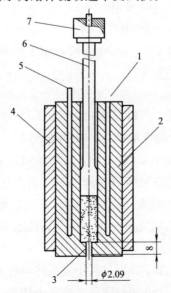

图 7-6 熔体流动速率测试仪

1—热电偶测温管;2—料筒;3—出料孔;4—保温层;5—加热棒;6—柱塞;7—重锤

按照模具设计要求，热塑性塑料中流动性好的塑料有聚酰胺、聚乙烯、聚苯乙烯、聚丙烯、醋酸纤维素和聚甲基戊烯等；流动性中等的塑料有改性聚苯乙烯、ABS、AS、聚甲基乙烯酸甲酯、聚甲醛和氯化聚醚等；流动性差的塑料有聚碳酸酯、硬聚氯乙烯、聚苯醚、聚砜、聚芳砜和氟塑料等。

热固性塑料的流动性通常以拉西格流动性来表示。如图 7-7 所示，将具有一定质量的欲测塑料预压成圆锭，将圆锭放入压模中，在一定温度和压力下，测定它从模孔中挤出的长度（毛糙部分不计在内），此即拉西格流动性。拉西格流动性的单位为 mm，其数值越大则流动性越好，反之则流动性差。

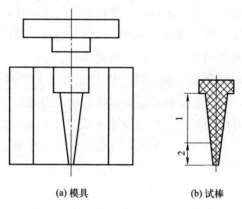

图 7-7　拉西格流动性试验法示意图
1—光滑部分；2—粗糙部分

热固性塑料在拉西格流动值为 100～<131mm 时，用于压制无嵌件、形状简单、厚度一般的塑件；拉西格流动值为 131～<150mm 时，用于压制中等复杂程度的塑件；拉西格流动值为 150～180mm 时，用于压制结构复杂、型腔很深、嵌件较多的薄壁塑件或用于压注成型。

(3) 热敏性

某些热稳定性差的塑料，在料温高和受热时间长的情况下就会产生降解、分解、变色，这种对热量敏感的特性称为塑料的热敏性。热敏性很强的塑料（即热稳定性很差的塑料）通常简称为热敏性塑料，如硬聚氯乙烯、聚三氟氯乙烯、聚甲醛等。热敏性塑料熔体在发生热分解或热降解时，会产生各种分解物：有的分解物会对人体、模具和设备产生刺激、腐蚀或带有一定毒性；有的分解物是加速该塑料分解的催化剂，如聚氯乙烯分解产生氯化氢，能起到进一步加剧高分子分解的作用。

为了避免热敏性塑料在加工成型过程中发生热分解现象，在模具设计、选择注射机及成型时，可在塑料中加入热稳定剂；也可采用合适的设备（螺杆式注射机），严格控制成型温度、模温、加热时间、螺杆转速及背压等；及时清除分解产物；设备和模具应采取防腐等措施。

(4) 水敏性

塑料的水敏性是指它在高温、高压下遇水降解的敏感性。如聚碳酸酯即是典型的水敏性塑料，即使含有少量水分，在高温、高压下也会发生分解。因此，水敏性塑料成型前必须严格控制水分含量，进行干燥处理。

(5) 吸湿性

吸湿性是指塑料对水分的亲疏程度。塑料大致可以此分为两类：一类是具有吸水或黏附水分性能的塑料，如聚酰胺、聚碳酸酯、聚砜、ABS等；另一类是既不吸水也不易黏附水分的塑料．如聚乙烯、聚丙烯、聚甲醛等。

为保证成型的顺利进行和塑件的质量，对吸水性强和黏附水分倾向大的塑料，在成型前必须除去水分，进行干燥处理，必要时还应在注射机的料斗内设置红外线加热，使水分含量控制在 $0.2\%\sim0.5\%$，ABS 的含水量应控制在 0.2% 以下。

(6) 相容性

相容性是指两种或多于两种的塑料，在熔融状态下不产生相分离现象的能力。

如果两种塑料不相容，则混熔时制件会出现分层、脱皮等表面缺陷。不同塑料，分子结构相似者较易相容，例如高压聚乙烯、低压聚乙烯、聚丙烯彼此之间的混熔等；分子结构不同时较难相容，例如聚乙烯和聚苯乙烯之间的混熔。

(7) 热固性塑料的比容与压缩率

比容是单位质量的松散塑料所占的体积，单位为 cm^3/g；压缩率为塑料与塑件两者体积之比值，其值恒大于1。比容与压缩率均表示粉状或短纤维塑料的松散程度，均可用来确定压缩模加料腔容积的大小。

比容和压缩率较大时，则要求加料腔体积大，同时也说明塑料内充气多，排气困难，成型周期长，生产率低；比容和压缩率较小时，有利于压锭和压缩、压注。但比容太小，则以容积法装料时会造成加料量不准确。各种塑料的比容和压缩率是不同的；同一种塑料，其比容和压缩率又因塑料形状、颗粒度及其均匀性不同而异。

7.4 塑料成型加工方法

塑件生产的一般加工过程为：原料准备→合成树脂的处理→配料→塑料成型。在这个过程中，塑料的成型最为重要。塑料成型的加工方法很多，按成型过程中物理状态不同，塑料成型加工的方法可分为熔体成型与固相成型两大类。

熔体成型也叫熔融成型，它是把塑料加热至熔点以上，使之处于熔融状态以进行成型加工的一类方法。属于此类成型加工方法的主要有注射成型、压缩成型、压注成型、挤出成型、旋转成型、离心浇铸成型、粉末成型等。熔体成型加工量约占全部塑件加工量的 90% 以上。其共同特点是塑料在熔融状态下利用模具来成型具有一定形状和尺寸的塑件。

固相成型泛指在室温（至少低于熔点 10～20℃）条件下对尚处于固态的热塑性坯材施加机械压力作用，使其成为塑件的一种方法。其中，对非结晶类的塑料在玻璃化温度以上、黏流温度以下的高弹态区域加工的，常称为热成型，如真空成型、压缩空气成型、压力成型等；而在玻璃化温度以下加工的，则称作冷成型或室温成型，也常称作塑料的冷加工方法或常温塑性加工，包括在常温下的塑料粉末压延薄膜、片材辊轧、坯料或粉末塑料的模压成型以及二次加工等。

7.4.1 注射成型

(1) 注射成型的原理

注射成型也称为注塑成型，是通过注射机来实现的。螺杆式注射机注射成型原理如图 7-8 所示，将粒状或粉状的塑料加入注射机料筒，经加热转变成具有良好流动性的熔体后，借助柱塞或螺杆所施加的压力将熔体快速注入预先闭合的模具型腔[图 7-8（a）]；充满型腔的熔体在受压情况下，经冷却固化而保持型腔所赋予的形状[图 7-8（b）]；然后打开模具，取出成型塑件[图 7-8（c）]。这个过程即是一个成型周期。生产过程就是不断地重复上述周期。注射成型技术对所用成型物料的基本要求是在热、压的作用下能熔融并良好流动，因而除聚四氟乙烯和超高分子量聚乙烯等极少数难熔品种外，几乎所有的热塑性塑料和少数热固性塑料都能用这种技术方便地成型为制品。

(2) 注射成型的特点

注射技术能一次成型出外形复杂、尺寸精确、可带有各种金属嵌件的塑料制品，其主要特点有：

a. 由于成型物料的熔融塑化和流动造型分别在料筒和模腔两处进行，模具可以始终处于使熔体很快冷凝或交联固化的状态，从而有利于缩短成型周期。成型过程的全部成型操作均由注射机的程序控制，因此注射工艺过程容易实现全自动化。

b. 注射过程中先锁紧模具，然后才将塑料熔体注入，加之具有良好流动性的熔体对模腔的磨损很小，因而可用一套模具大批量成型外形复杂的塑件，且能保证精度。

c. 由于冷却条件的限制，很难用这种技术制得无缺陷的、厚度变化较大的热塑性塑料制品。

d. 由于注射机和注射模的造价都比较高，成型设备的初始投资大，故注射技术不适合小批量制品的成型。

7.4 塑料成型加工方法

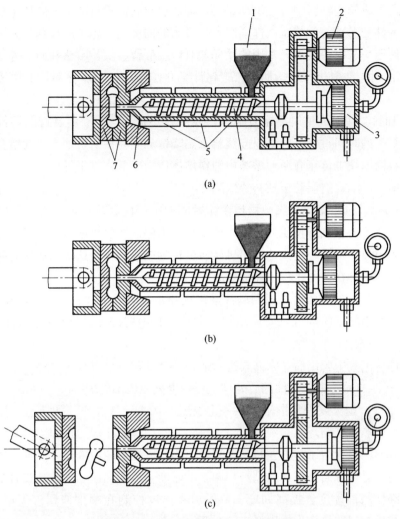

图 7-8 螺杆式注射机注射成型原理图
1—料斗；2—螺杆传动装置；3—注射液压缸；4—螺杆；5—加热器；6—喷嘴；7—模具

(3) 注射成型的工艺过程

注射成型工艺过程的确定是注射工艺规程制订的中心环节。其工艺过程主要有成型前的准备、注射和塑件的后处理三个步骤。

① 注射成型前的准备。注射成型前的准备工作主要有原材料的检验、原材料的着色、原材料的干燥、嵌件的预热、脱模剂的选用以及料筒的清洗等。在成型前应对原材料的种类、色泽、粒度和均匀性等进行检验，以及对流动性、热稳定性、收缩性、水分含量等方面进行测定。原材料的着色可采用将色粉直接加入树脂法和色母粒法。对于吸湿性强的塑料，应根据注射成型工艺允许的含水量要求进行适当的预热干燥，去除原材料中过多的水分及挥发物。当需改变塑料品种、更换物料、

调换颜色，或发现塑料中有分解现象时，都需要对料筒进行清洗。嵌件预热可减少熔料与嵌件的温度差，防止嵌件周围产生过大的内应力。施加脱模剂是为了使成型后的零件容易从模中脱出，常用的脱模剂有硬脂酸锌、液体石蜡和硅油等。

② 注射。注射过程包括加料、塑化计量和注塑，整个过程都是由注塑机来完成的。

a. 加料。注射成型时需定量加料，使塑料塑化均匀，获得良好的塑件。加料过多、受热的时间过长，容易引起塑料的热降解，同时注射机功率损耗增多；加料过少，料筒内缺少传压介质，型腔中塑料熔体压力降低，难于补压，容易导致塑件出现收缩、凹陷、空洞甚至缺料等缺陷。

b. 塑化计量。塑化是成型物料在注射成型机筒内经过加热，由松散的粉状或粒状固体转变为黏流态物质的过程。计量是指为保证注射机通过柱塞或螺杆将塑化好的熔体定温、定压、定量地输出机筒所进行的准备动作。这些动作均需要注射机控制柱塞或螺杆在塑化过程中完成。

c. 注塑。柱塞或螺杆从机筒的计量位置开始，通过注射油缸和活塞施加高压，将塑化好的塑料熔体经过机筒前端的喷嘴和模具中的浇注系统快速送入模腔的过程，称为注塑。

制件从模具中脱出后，常需要进行适当的后处理，借以改善塑件的性能。

③ 塑件的后处理。塑件的后处理主要指退火或调湿处理。

a. 退火。退火处理是指塑件在一定温度的加热液体介质（如热水、甘油和液体石蜡）或热空气循环烘箱中静置一段时间，然后缓慢冷却的过程。退火处理的目的：一方面，减少由于塑件在料筒内塑化不均匀或在型腔内冷却速度不一致而形成的内应力；另一方面，对结晶型塑料调整结晶度，或者加速二次结晶或后结晶的过程，并降低制件硬度、提高韧度。一般退火温度控制在塑件使用温度以上 10~20℃，或比塑料的热变形温度低 10~20℃。

b. 调湿。调湿处理是将刚脱模的塑件（聚酰胺类）放在热水中隔绝空气，防止氧化，消除内应力，以加速达到吸湿平衡，稳定其尺寸。如聚酰胺类塑件脱模时，在高温下接触空气容易氧化变色，在空气中使用或存放又容易吸水而膨胀，经过调湿处理，既隔绝了空气，又使塑件快速达到吸湿平衡状态，使塑件尺寸稳定下来。

7.4.2　压缩成型

压缩成型也称模压成型（compression molding），是生产热固性塑料制品最常用的成型方法之一，也可以用于热塑性塑料、橡胶制品和复合材料的成型加工。压缩成型设备是压力机，如图 7-9 所示。

图 7-9　YB32-200 型液压压力机实物图

（1）压缩成型的原理

压缩成型的原理如图 7-10 所示，将松散塑料原料加入高温的型腔和加料室中 [图 7-10（a）]，然后以一定的速度将模具闭合；塑料在热和压力的作用下熔融流动，并且很快地充满整个型腔 [图 7-10（b）]，同时固化定型；开启模具，取出制品 [图 7-10（c）]，得到所需的具有一定形状的塑件。

压缩热固性塑料时，塑料在型腔中处于高温、高压的作用下，由固体变为黏流态熔体，并在这种状态下充满型腔，同时塑料发生交联反应，逐步固化，最后脱模得到塑件。

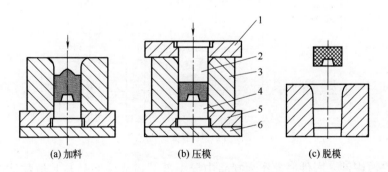

(a) 加料　　　　　　(b) 压模　　　　　　(c) 脱模

图 7-10　压缩成型的原理

1—凸模固定板；2—上凸模；3—凹模；4—下凸模；5—下凸模固定板；6—垫板

压缩热塑性塑料时，塑料同样在型腔中处于高温、高压的作用下，由固体变为黏流态熔体，充满型腔；但由于热塑性塑料没有交联反应，模具必须冷却才能使塑料熔体转变为固体，脱模得到塑件。对热塑性塑料，压缩成型一般只用来成型大平面的塑件、流动性低的塑件或不宜高温注射成型的塑件。

(2) 压缩成型的优缺点

压缩成型的优点是可模压较大平面的制品和利用多槽进行大量生产。其缺点是：生产周期长、效率低；不能模压要求尺寸准确性较高的制品，原因是制品毛边厚度不易求得一致。

(3) 压缩成型的工艺过程

① 成型前的准备工作：

热固性塑料比较容易吸湿，储存时易受潮，加之比体积（比容）较大，一般在成型前也要对塑料进行预热，有些塑料还要进行预压处理。

热塑性塑料成型前的预热主要是干燥，其温度应以不使塑料熔成团状或饼状，同时塑料在加热过程中也不能发生降解和氧化为宜。

预压是将松散的粉状、粒状、纤维状塑料用预压模在压机上压成重量一定、形状一致的型坯，型坯的大小能紧凑地放入模具中预热为宜。多数采用圆片状和长条状。预压时所施加的压力应能使预压物的密度达到制品最大密度的 80%，施加压力的范围为 40~200MPa，其大小随压塑粉的性质以及预压物的形状和尺寸而定。

② 压缩成型。压缩成型的工序有安放嵌件、加料、合模、排气、固化、脱模等，如图 7-11 所示。

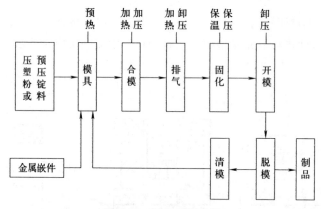

图 7-11 压塑成型工艺

a. 安放嵌件。嵌件通常作为制品中导电部分，或使制品与其他物体结合。常用的嵌件有轴套、轴帽、螺钉和接线柱等。为保证连接牢靠，埋入塑料的部分要采用滚花、钻孔，或设有凸出的棱角、型槽等。一般嵌件只需用手按固定位置安放，加料前对嵌件进行预热，使嵌件收缩率尽量与塑料相近，或采用浸胶布做成垫圈，用预浸纱带或布带缠绕到芯模上进行增强。

b. 加料。在模具加料室内加入已经预热和定量的塑料。为防止塑件局部产生疏松等缺陷，加入模具中的塑料宜按塑料在型腔内的流动情况和各个部位需用量的大致情况做合理的堆放；采用粉料或粒料时，宜堆成中间稍高的形式，以便于空气的排出。

c. 合模。加料完成之后即可合模。在型芯尚未接触塑料时，要快速移动合模，借以缩短周期和避免塑料过早固化；当型芯接触塑料后改为慢速，以防止冲击对模具中的嵌件、成型杆或型腔的破坏。模具完全闭合之后即可增大压力，对成型物料进行加热与加压。合模所需时间从几秒到数十秒不等。

d. 排气。压缩成型热固件塑料时，在模具闭合后，有时需再将塑模松动少许时间，以便排出其中的气体，这道工序即为排气。排气可以缩短固化时间，有利于塑件性能和表面质量提高。排气的时间和次数根据实际需要而定，通常排气次数为1~2次，每次时间为几秒到数十秒。

e. 固化。固化是指热固性塑料在压缩成型温度下保持一段时间，分子间发生交联反应，从而硬化定型。固化时间由 30s 至数分钟不等，取决于塑料的种类、塑件的厚度、物料形状以及预热和成型温度。为了缩短生产周期，有时对于固化速率低的塑料，也可不必将整个固化过程放在模内完成，只要塑件能够完成脱模即可结束模内固化，然后将欠熟的塑件在模外采用后烘的方法继续固化。

f. 脱模。固化后的塑件从模具上脱出的工序称为脱模。脱模时，模具的推出机构将塑件从模内推出。带有嵌件的塑件应先使用专用工具将嵌件拧脱，然后再进行脱模。对于大型热固性塑料塑件，为防止脱模后在冷却过程中可能会发生的翘曲变形，可在脱模之后把它们放在与塑件结构形状相似的矫正模上加压冷却。

g. 清理模具。正常情况下，塑件脱模后一般不会在模腔中留下黏渍、塑料飞边等。如果出现这些现象，应使用一些比模具钢材软的工具（如铜刷）去除残留在模具内的塑料飞边等，并用压缩空气吹净模具。

7.5 新能源汽车轻量化塑料

塑料的密度低于镁合金。根据不同的填料，其密度在 $1.0 \sim 1.5 \mathrm{g/cm^3}$ 之间。在同等弯曲刚度的条件下，和钢相比，聚碳酸酯（PC）类的塑料可减重35%；在同等弯曲强度的条件下，和钢相比可减重72%。同时，塑料复合材料具有比强度高、抗腐蚀性优良、易成型、使形状复杂的零部件加工简单、耐冲击、抗振动、设计自由度大、外观多样、电绝缘性和绝热性优良等特点，是用量最多的汽车轻量化非金属材料。

当前，塑料在新能源汽车领域的发展趋势是提高应用比例，如以塑代钢，以及塑料合金及热塑性复合材料的应用。新能源汽车类塑料零部件生产项目主要包括但不限于以下 7 类。

(1) 装饰件

塑料在汽车上的应用主要有内部装饰件和外部装饰件，其应用的种类在世界各国大体相同。日本车使用的塑料主要有聚氯乙烯（PVC）、聚丙烯（PP）、聚氨酯（PU）、ABS塑料合金和长纤维复合材料（LFRP）。美国汽车塑料使用量较大的种类为PU、PP、PE、PVC、ABS；欧洲汽车塑料使用量较大的种类为PVC、PU、PP、PE、ABS。对应的内部装饰件主要有仪表板、门板、坐垫、方向盘、车内饰、座椅扶手；外部装饰件主要有前后保险杠、侧保险杠、阻流板、车顶盖、挡泥板、发动机罩、车门把手等。

(2) 充电设施

新能源汽车需要充电设施来进行充电。充电设施包括充电桩、充电枪等。这些部件通常由塑料材料，如ABS、PC等制成。生产项目包括充电桩和充电枪的设计和制造。

(3) 动力电池包

动力电池包是新能源汽车的核心部件，包含电池模块和电池壳体。电池壳体通常由高强度、耐腐蚀的塑料材料，如ABS、PC等制成。生产项目包括电池壳体的设计和制造、电池模块的组装等。德国ICT化工技术研究所研制出了一种以聚氨酯为基体的热固性塑料电池壳体，该壳体质量35kg，可承载340 kg的电池组，比同等规格下使用钢材在质量上减轻35%以上。

金属和塑料的结合也是实现电池壳体轻量化的主要方式，如比亚迪-秦Pro EV500电池包的上、下壳体分别采用片状模塑料复合材料和高强铝。

(4) 电机壳体

电机壳体是新能源汽车电机的保护壳，通常由铝合金或塑料材料制成。生产项目包括电机壳体的设计和制造。

(5) 车身

新能源汽车的车身包括车身壳体、车门、车窗、座椅等，这些部件通常由高强度、轻量化的塑料材料，如ABS、PC、PA等制成。生产项目包括车身壳体、车门、车窗、座椅等的设计和制造。

(6) 电子部件

新能源汽车的电子部件包括控制器、逆变器、DC/DC转换器等，这些部件通常由塑料材料，如改性聚丙烯和聚碳酸酯等制成。生产项目包括电子部件的设计和制造。

(7) 其他零部件

新能源汽车还需要其他一些塑料零部件，如储物箱、杯架、储物袋等。这些部件通常由不同的塑料材料，如ABS、PC等制成。

复习思考题

① 对于不同聚集态的线型聚合物，可分别选择哪些加工方法？
② 根据线型非结晶型聚合物试样的温度-形变曲线，说明四个特征温度及其意义。
③ 对比分析热塑性塑料和热固性塑料的异同点。
④ 说明塑料注射成型工艺过程。
⑤ 说明哪些塑料可以用于新能源汽车内饰。

参 考 文 献

[1] 李平,刘强. 中国新能源产业发展报告(2014)[M]. 北京:社会科学文献出版社,2015.
[2] 张东,袁惠新. 现代压铸技术概论[M]. 北京:机械工业出版社,2022.
[3] 安玉良,黄勇,杨玉芳. 现代压铸技术实用手册[M]. 北京:化学工业出版社,2020.
[4] 叶莉莉,孙亚玲,关蕙. 压铸成型工艺及模具设计[M]. 北京:北京理工大学出版社,2010.
[5] 韩建民. 材料成型工艺技术基础[M]. 北京:中国铁道出版社,2002.
[6] 黄尧,黄勇. 压铸模具与工艺设计要点[M]. 北京:化学工业出版社,2018.
[7] 赖华清. 压铸工艺及模具[M]. 北京:机械工业出版社,2011.
[8] 吴春苗. 压铸设计手册[M]. 广州:广东科技出版社,2007.
[9] 李先洲. 铝合金一体化压铸技术浅析[J]. 铸造,2023,72(4):462-465.
[10] 乔侠,杨磊,刘双勇. 一体化压铸技术发展与应用研究[J]. 汽车工艺师,2023(08):30-33,52.
[11] 何耀华. 汽车制造工艺[M]. 2版. 北京:机械工业出版社,2022.
[12] 谢文才,刘强. 汽车板材先进成形技术与应用[M]. 北京:北京理工大学出版社,2019.
[13] 张友国,丁波,廖莺. 新能源汽车铝合金材料工艺及应用[M]. 北京:机械工业出版社,2021.
[14] 中国锻压协会. 冲压技术基础[M]. 北京:机械工业出版社,2013.
[15] 康俊远. 冷冲压工艺与模具设计[M]. 2版. 北京:北京理工大学出版社,2012.
[16] 蔡扬扬,殷莎,赵海斌,等. 新能源汽车电池包箱体结构的轻量化研究现状[J]. 汽车技术,2022(2):55-62.
[17] 于海平. 板材成形原理与方法[M]. 哈尔滨:哈尔滨工业大学出版社,2023.
[18] 中国锻压协会行业研究室. 中国冲压行业2022年经济运行分析[J]. 锻造与冲压,2023(18):26-31.
[19] 甘海强. 铝板成形技术在新能源汽车上的应用[J]. 锻造与冲压,2023(08):16-19.
[20] 尹颢. 镁合金汽车覆盖件精密成型技术研究[D]. 成都:西南交通大学,2021.
[21] 潘占福,李悦. 轻量化技术在汽车上的应用[J]. 汽车工艺与材料,2021(05):1-8.
[22] 冯广. 电池壳冲压成形工艺参数优化及模具寿命预测[D]. 大连:大连交通大学,2023.
[23] 李妍妍. 新能源汽车用动力电池钢壳多步拉深工艺研究[D]. 马鞍山:安徽工业大学,2020.
[24] 闵建成. 电池壳成形技术研究[J]. 锻造与冲压,2022(2):37-42.
[25] 王付才,杨海. 纯电动汽车电池包壳体轻量化材料应用及研究进展[J]. 汽车工艺与材料,2020(9):24-30.
[26] 李荣华,翟封祥,温爱玲,等. 材料成形工艺基础[M]. 北京:机械工业出版社,2020.
[27] 林江. 机械制造基础[M]. 2版. 北京:机械工业出版社,2021.
[28] 刘建华. 材料成型工艺基础[M]. 4版. 西安:西安电子科技大学出版社,2021.
[29] 王成明,陈永. 焊接工艺手册[M]. 北京:机械工业出版社,2023.
[30] 邓鑫,金文福,刘东利,等. 新能源汽车用铝合金焊接结构高温服役性能分析[J]. 有色金属加工,2023,52(5):26-29.
[31] 索兆祥,郭清超. 新能源汽车车身材料及连接工艺优化研究[J]. 汽车测试报告,2023(8):80-82.
[32] 李宏涛. 太阳能电池铝背场与铝带连接的超声钎焊[D]. 哈尔滨:哈尔滨工业大学,2019.
[33] 曲选辉. 粉末冶金原理与工艺[M]. 北京:冶金工业出版社,2013.
[34] 周华,刘进,魏言真. 新能源材料理论基础及应用前景[M]. 长春:吉林科学技术出版社,2022.

- [35] 陶治. 材料成形技术基础 [M]. 北京：机械工业出版社，2002.
- [36] 张华诚. 粉末冶金实用工艺学 [M]. 北京：冶金工业出版社，2004.
- [37] 范景莲. 粉末增塑近净成形技术及致密化基础理论 [M]. 北京：冶金工业出版社，2011.
- [38] 张兰，夏慧敏，马会中，等. 粉末冶金铝合金的研究综述 [J]. 粉末冶金工业，2020，30（5）：78-83.
- [39] 肖紫圣，罗成，华建杰，等. 硬质颗粒增强型新能源汽车铁基粉末冶金阀座的热处理工艺 [J]. 粉末冶金材料科学与工程，2018（1）：9-16.
- [40] 郭志猛，杨薇薇，曹慧钦. 粉末冶金技术在新能源材料中的应用 [J]. 粉末冶金工业，2013，23（3）：11-19.
- [41] 张超，吴多利，魏新龙，等. 现代表面工程 [M]. 北京：科学出版社，2023.
- [42] 张世宏，王启民，郑军. 气相沉积技术原理及应用 [M]. 北京：冶金工业出版社，2020.
- [43] 姜银方，王宏宇. 现代表面工程技术 [M]. 2版. 北京：化学工业出版社，2014.
- [44] 王福贞，马文存. 气相沉积应用技术 [M]. 北京：机械工业出版社，2007.
- [45] 张林森. 金属表面处理 [M]. 北京：化学工业出版社，2016.
- [46] 吴其胜，张霞，戴振华. 新能源材料 [M]. 2版. 上海：华东理工大学出版社，2017.
- [47] 曾晓雁，吴懿平. 表面工程学 [M]. 2版. 北京：机械工业出版社，2019.
- [48] 付明，田保红，齐建涛. 材料先进表面处理与测试技术 [M]. 北京：化学工业出版社，2024.
- [49] 姜银方，朱元右，戈晓岚. 现代表面工程技术 [M]. 北京：化学工业出版社，2014.
- [50] 安茂忠，杨培霞，张锦秋. 现代电镀技术 [M]. 2版. 北京：机械工业出版社，2018.
- [51] 郭琳，张秀莲，欧阳兴旺. 电镀基础与实验 [M]. 北京：中国纺织出版社，2020.
- [52] 张玉芝. 新能源时代需求下塑料工业的发展新思路 [J]. 塑料工业，2023（4）：204-205.
- [53] 堵艳艳. 预镀镍钢壳表面无铬钝化工艺的研究 [D]. 湘潭：湘潭大学，2011.
- [54] 王晓. 大电流预镀镍电池钢带的制备工艺及表面质量控制技术的研究 [D]. 秦皇岛：燕山大学，2016.
- [55] 孙浩峰. 钯合金膜的制备及膜反应器催化性能研究 [D]. 淄博：山东理工大学，2023.
- [56] 杨永顺. 塑料成型工艺与模具设计 [M]. 北京：机械工业出版社，2022.
- [57] 林振清，张秀玲，沈言锦. 塑料成型工艺与模具设计 [M]. 2版. 北京：北京理工大学出版社，2017.
- [58] 于丽君. 塑料成型工艺与模具设计 [M]. 北京：北京理工大学出版社，2016.
- [59] 程方启，梁蓓，路英华. 塑料成型工艺与模具设计 [M]. 北京：机械工业出版社，2021.
- [60] 吴志强，蔡春芳，齐锐丽，等. 汽车轻量化背景下塑料的应用及其电镀工艺 [J]. 电镀与精饰，2023（4）：88-93.